聊天就能把東西賣掉

これだけは知っておきたい
セールストークの基本と実　テクニック

修訂版

卡內基官方認證講師
年度十大暢銷作家
箱田忠昭 著
張凌虛 譯

※本書原名《聊天就能把東西賣掉》，經修
訂改編為修訂版

前言

顧客首先都會做出「NO」的反應！

你去百貨公司買衣服，正在挑選衣服時，店員向你搭話了。

「這邊是新上市的商品，非常有人氣。如果您願意的話，要不要試穿看看？」

在這種時候，你是否會覺得對方很煩人而回答了「NO」呢？

另外，假設你有想買的東西，當店員拿著符合你需求的東西過來，並且試圖說服你購買時，你是否覺得對方說不定能拿出更好的商品，於是就姑且說了「NO」呢？

所謂的人類心理就是如此，通常都會從否定的方向出發去思考事情。

也就是說，不論商品有多好、價格有多實在，顧客都會先說「NO」。

讀到這裡，非得把商品賣給顧客的你，是否已經開始覺得頭痛了呢？

不過，美國保險業界的頂尖業務員，晚年從事業務員教育也很出名的法蘭克・貝特格曾經說過下面這句話，不知道您可曾聽過？

「顧客的拒絕，其中有62％是假性的拒絕，真正拒絕的比例不超過38％。」貝特格詳盡的紀錄下自己的銷售次數，研究在第一次被拒絕之後，第二、第三次是否還能順利賣出去，堪稱為「科學式銷售的開山始祖」。

換句話說，這表示顧客的「NO」很有可能會變成「YES」。

此時，最重要的就是能引出顧客真正的心聲，讓對方產生購買意願的說話技巧。

人有「不向討厭的傢伙買東西」、「採取否定式思考」等共通的「心理」及「行為模式」。只要善用這種基於人類「心理」及「行為模式」的說話技巧，商品能賣出去的機率就很高。

我在二十幾歲時就有過各式各樣的銷售經驗，親身體驗過「以人的心理為考量的說話技巧」的效果之高。我把它運用在開發新客戶、登門造訪、定期拜訪客戶，甚至是大型商業的提案會上，並獲得了成功。

然後，在三十八歲時我當上了外資公司的社長，以超級業務員的身分自行從事銷售，提高了公司的營業額。

四十一歲時，我獨立開設公司，那時候不論是顧客還是營業額，全部都從零開始。在那之後，我又重新展開了銷售活動。我使用了「以人的心理為考量的說話技巧」，順利地使銷售量持續上升。

本書就是將上述所說的，從我的銷售人生中所得到的經驗、每年三百場以上的研討會所提及的業務員教育，以及在美國、日本所學到的銷售理論當作基礎，具體寫出能立刻派上用場的「以顧客心理為考量的說話技巧」。實際上，我教導過的房屋仲介，原本一年只賣得掉兩棟房子，在隔年卻能賣掉十四棟之多。

在本書中：

第一章針對「人類的行為模式」進行說明。只要了解「人類的行為模式」，銷售量就會跟著上升，請大家要理解這一點。

第二章針對「交涉用的說話技巧」進行說明。「業務員要是被顧客討厭的話，就完蛋了」。所以說，我要介紹能讓顧客產生好感的說話技巧。

第三章針對「傾聽技巧」進行說明。大家都知道，這是能讓我們與顧客溝通良好、博取顧客好感的技巧。

第四章針對「詢問技巧」進行說明。為了得到顧客的喜愛，從詢問之中了解顧客真正的心意是非常重要的。就好像「好的業務員善於傾聽」這句話所說的，為了讓顧客願意和自己交談，「詢問技巧」也非常重要。

第五章針對「展示技巧」進行說明。展示時比起說明商品的特徵，更應該要強調的是顧客的利益，我要介紹的就是這種「說服話術」。

第六章針對「克服反駁的技巧」進行說明。遭受顧客反對或反駁時，應該要如何應對，這對業務員來說是最重要的技巧。反對意見是一條線索，它指出了顧客對商品的哪些部份很在意。因此，請把反對意見當成最容易了解顧客真正心態的線索，並且張開雙臂歡迎它吧！只要了解反對意見的應對法，顧客的「NO」就沒什麼好怕的了。

第七章是針對「成交技巧」進行說明。本章中，我將會介紹讓商品能成交的說話技巧。

我希望「想促進自己與顧客間關係的人」、「提高銷售量提高得很辛苦的人」以及「想加薪的人」，一定要把這本書當成聖經去實踐以達成目標。

Insight Learning 公司董事長　箱田忠昭

目錄

第2章　讓顧客會想買東西的「魔法話術」

第3章 讓顧客產生好感的「傾聽」技巧

第4章 一定賣得出去的「詢問」技巧

第5章 提高銷售量的「終極展示」技巧

第6章 危機就是轉機！珍藏的「反駁應對法」

第7章 讓顧客產生購買意願的「成交」技巧

卷末附錄

第 1 章

為什麼不論再怎麼努力，東西還是賣不出去？

① 顧客對推銷有負面印象

不只是銷售而已，對過去完全沒有體驗、經驗、接觸過的事，我們通常沒辦法做好。

以梅干為例來想想看吧！我們日本人只要看到梅干就會覺得「好酸」，對吧？不過，如果把梅干拿給美國人看，他們卻不會有任何想法。因為他們沒吃過，所以根本不清楚它的味道。

在這種情況下，只要是日本人，就會因為過去曾有的經驗，而對梅干產生反應。試著把梅干換成「業務工作」之後會發現，大部分的人都碰過「強勢推銷」，或是類似以前所謂的「強迫購買」的受騙經驗。因此對推銷才會有既定印象，以致於會出現「是推銷或者是強迫購買？不會又要叫我買什麼東西吧？」的反應。

所以，顧客對推銷有負面印象是理所當然的。

顧客會因為過去與業務員交手過的經驗而產生抗拒。

也就是說，業務員即使被顧客拒絕也不能在意。只需要在「顧客對推銷有負面印象」的前提之下和對方交談就可以了。

顧客會從過去的經驗中去思考

強迫購買
強勢的推銷
受騙的經驗
不用了
這是很受歡迎的方案喔……
顧客對推銷有負面印象

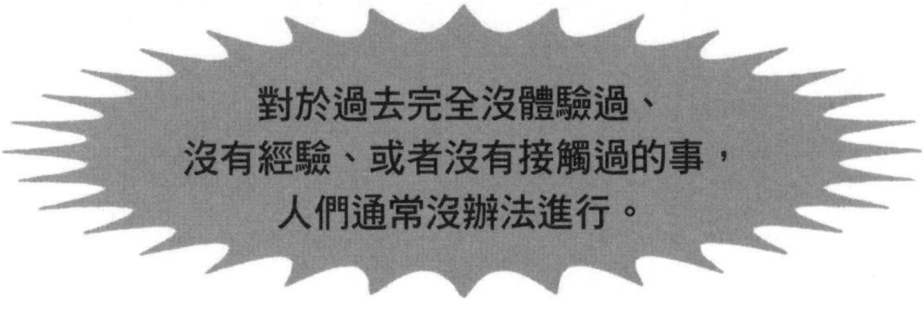
對於過去完全沒體驗過、
沒有經驗、或者沒有接觸過的事，
人們通常沒辦法進行。

② 顧客的需求在哪兒？

在行銷的世界裡，用來避免商品陷入惡性價格競爭的方法就是「訴諸於品質」。意思就是把商品本身的優點，作為比價格或其他因素都更重要的訴求。

不過，光靠品質好這一點，商品到底能不能賣得掉呢？

絕對賣不掉。

這一點是最重要的，是必須在行銷的最初階段就要先記住的事情之一。所謂的銷售，必須將「對方、顧客的需求」視為最優先。

舉例來說，假設現在有個汽車業務員在賣汽車。

「現在買的話保費很划算喔」、「這輛車很省油，非常經濟實惠。」

即使他一直重複這些，可是如果對方的需求不是這些呢？

「呃，其實因為我兒子身材高大，所以我想買安全性較高的車子。價格我倒是不太在乎。」

對方如果這麼說的話，就表示原本賣得掉的東西將會變成賣不掉。

也就是說，你首先必須要掌握住顧客的需求。為了掌握顧客的需求，在與顧客的交談中，透過「詢問技巧」去蒐集情報是不可欠缺的。

掌握顧客的需求

1 從顧客身上蒐集情報

2 了解顧客需求

3 商品就能賣掉

③ 了解「人類心理」，商品就賣得掉

即使商品本身再好，如果無法表現出商品的優點，就沒有意義了。不要硬是要說服顧客，只要能夠讓顧客理解，即使你不開口說話，他也會掏出錢包。為了獲得對方的理解，必須要了解「人類心理」。

「關於預算方面我有的是錢，所以如果有好的商品，盡量給我拿出來。」應該沒有顧客會這麼說才對。況且，如果有這種顧客的話，我們也很難不覺得那位顧客很怪。

換句話說，在理解「人類心理」的前提之下，銷售話術是必要的。包括了解顧客心理在內，身為一個業務員，首先要做的不是直接賣商品，而是必須讓對方先認識你，對你抱持好感。

一般的業務工作，原則上都是「業務員」這個「人」在說話，這些在後面我會再進行討論。但，「被顧客討厭的話就完蛋了」，這是業務工作的基本常識。說得更白一些，你必須確實地讓顧客喜歡上你。如果受到對方喜愛，之後即使不強行推銷，也能把業務工作做好。

光靠商品好是賣不掉的，這點千萬不要忘記。

受到顧客喜愛的話就賣得掉！

1. 依據人類心理去談話
2. 顧客對你抱持好感
3. 商品就會賣得掉

4 「誰在賣」比「賣什麼」重要

人不會信任陌生人說的話。

銷售上一個很重要的思考模式是，「誰在賣」要比「賣什麼」來得重要。

我在研討會上總是說：「業務工作具有屬人性」。

「誰在賣」和「誰在說」是一樣的。即使常去的理髮店大叔對我說：「導彈好像要射到東京來喔」，我也只會回他一句：「這樣啊！」而已。不過，如果換成是美國總統發表聲明：「在二十分鐘前，有一枚導彈朝東京發射。」的話，我就會立刻準備逃走了。

或者，想買一輛新車的你，在新宿鬧區裡被眼光銳利、乍看之下很可怕的道上兄弟給叫住了。

「老闆、老闆，稍微停一下。其實我這裡有一輛新車，你要不要買？兩百七十萬的車子，現在只要半價一百三十五萬，如何？」

理所當然的，你應該在說完「NO」之後就會立刻逃走。

為什麼呢？沒錯，因為對方是你完全不認識的人。

換句話說，話是誰說的很重要。

顧客不會信任陌生人

銷售上很重要的思考方式是？

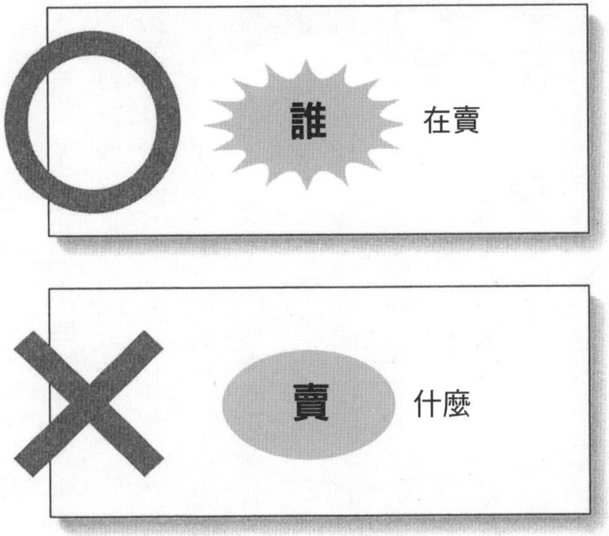

話是誰說的很重要！

5 人際關係的心理——「齊歐迪尼法則」

人基本上是「不會相信不能信任的人所說的話」、「不會和陌生人做交易」、「不向討厭的傢伙買東西」的。

在第20頁所舉的例子中，表現出了一般人「購物」時的心理。

同樣一輛車，如果是朋友推薦的話，你大概會買；只要你有想買車的話，即使稍微貴了些也是會買。在我們潛意識裡有一種想法，那就是想向認識的、感覺不錯的好人買東西。

有個很有名、被稱為「齊歐迪尼法則」的人際關係法則。齊歐迪尼（Cialdini）是亞利桑納州立大學教授的名字。

該法則的內容是：

「人對自己抱持好感的人所提出的請求會積極地作出回應。」

如果彼此間建立起信賴關係，甚至還受到對方喜歡的話，即使你不去做「賣東西」的行為，顧客也會反過來產生「幫他一個忙好了」、「替他做點什麼吧」的念頭。

齊歐迪尼法則是？

人對自己抱持好感的人所提出的
請求會積極地作出回應。

所以

只要受到顧客喜歡，即使沒有主動
「賣東西」也能把東西賣掉！

顧客下意識地想和「認識的」、「感覺不錯的」好人買東西

6 銷售全都是人與人在進行的

國與國之間的大型計畫、交涉，未必都是「受到對方喜愛」就能順利進行的。就算日本總理大臣去了俄羅斯受到俄羅斯外交部長的欣賞。

「嗯，我很欣賞你。那麼，北方領土就還給你吧！」事情也不會變成這樣。

雖然這個例子有些極端，但在龐大的交易上，光靠人類心理是不會成功的。

不過，一般來說，幾乎99％的交涉、買賣，由於程度並不是那麼龐大。於是，在這個時候，「我欣賞你！沒問題，就交給你吧！」或者「是你的話我就放心了。我們來交易吧！」之類的情況就多了起來。

到頭來，我們的銷售對象並不是「企業」，而是「個人」。

就算對方是知名的大企業，也沒有什麼好擔心的。畢竟只要想到負責人就會發現，任何時候在與我們進行銷售話術的對象都是人。

「採購」、「公司主管」、「技術部部長」、「工廠廠長」、「會計」、「人事部部長」……等，交涉對象確實是有各式各樣的頭銜。

沒錯，「交涉全都是人與人在進行的」。

銷售行為是人與人在進行的

銷售對象並非是企業、職稱，而是人

交涉行為全都是由人與人在進行的

7 在使用銷售話術時，重要的人類三大心理是？

這裡讓我來說明在使用銷售話術時，最重要的「人類三大心理」。

所謂的三大心理是指：

1. 人對不是事實的話語會產生反應
2. 人往往會採取不理性的看法、想法
3. 人往往會採取否定式的思考

要是事先不了解這些人類心理，銷售話術就不可能發揮效用。

首先是「人對不是事實的話語會產生反應」。也就是說，光是從一句話是不是事實，就會讓你的評價變好或變差的意思。

接著是「人往往會採取不理性的看法、想法」。人是一種曖昧又隨便的動物，總是會隨著當時的情緒、心情或健康狀況，做出不理性的判斷或行動。

最後則是「人往往採取否定式的思考」。顧客想買下商品時，他決定要買下來的意願有多高，對商品的確認就會有多嚴苛，並且會逐漸出現否定的傾向。

人的三大心理

1 人對不是事實的話會有反應
2 人往往會有不理性的看法、想法
3 人往往採取否定式的思考

要是不好好了解人們的心，銷售話術
就不可能發揮效用

⑧ 三大心理之① 人對不是事實的話語會產生反應

當你走在路上的時候，如果突然有人迎面跑來對你說：「你真是個笨蛋！」你心裡會怎麼想？會有什麼感覺？

你恐怕會瞬間感到火大，說不定還會氣到失去理智。

相反地，如果對方說：「你真是個好人」、「你真聰明」的話，光是這樣你就會很高興。

你並不會因為別人說的話而變笨或變聰明。但就像這樣，人類的心理，不論話中所說是否屬實，對話語都會產生反應。

所謂的銷售話術，並不是只要知道說什麼話就可以了。

誠心說出讓對方感到高興的話，那句話本身就會帶有力量。日本自古就有「言靈」這種說法，那就是在告訴我們，每一句話都有靈魂棲宿著。

很會賣東西的業務員，對銷售話術裡的每一句話都很用心。此外，不只是要讓對方高興而已，別忘記也要避免自己被對方討厭。

因為銷售話術而讓顧客心情變差，結果或許會變成對方「不向你買了」。

所以仔細注意你說的每一句話吧！

三大心理之①

人對不是事實的話語會產生反應

所以

銷售話術的重點

- 要說出讓顧客高興的話
- 不要說讓顧客討厭的話

如果讓顧客心情變差的話，
結果或許會變成對方「不向你買」了

9 三大心理之② 人會採取曖昧不明的看法、想法

有一則這樣的故事：小偷在聖誕夜潛入了有錢人的家。不過，因為那一家人回來了，所以他把偷到的寶石掛在附近的聖誕樹上，然後躲在旁邊。那一家人雖然從聖誕樹前經過好幾次，卻都沒有發現。因為，他們根本沒想到寶石居然會掛在聖誕樹上。

銷售話術就必須在符合「既定印象」的條件下來進行。

有時甚至連犯罪的目擊情報也有曖昧不明的情況。「犯人看起來年紀很輕、瘦瘦的，皮膚白晰，大約二十幾歲……」說是這樣說，但是抓到之後的犯人卻經常是「中年人、微胖、皮膚黝黑、四十幾歲……」。

人具有「曖昧性」，這一點也會顯現在「顧客心理」上。

在商品方面你是專家，而且也具有相關知識。不過，顧客卻蠻不在乎地對你說：「顏色有點不好」、「設計得有點差」之類的話。

即使我們花再多心力做研究開發或市調，顧客依然會蠻不在乎地依自己的感覺或心情發表意見。

因此，就算顧客一開始說「NO」也沒關係。因為那很可能只是回答得曖昧不明，只要透過銷售話術，就很有可能轉變成「YES」。

三大心理之②

人會採取曖昧的看法、想法

所以

銷售話術中得記住的事

- 顧客通常會依自己的感情或心情發表意見
- 顧客對商品具有既定印象

就算顧客回答「NO」，
那也很有可能是曖昧的回答

10 三大心理之③ 人往往採取否定式思考

如果你完全不和顧客聯絡的話，情況會變成怎樣呢？「完全沒聯絡，所以應該是進展得很順利吧！」我想應該沒人會這樣想才對。大部分的人不由得就會往壞的方向去思考「發生了什麼事嗎」、「不和我聯絡是有什麼原因嗎」。

以下是發生在我以前擔任聖羅蘭公司社長時的事。

我要求年紀比我大的業務部部長P先生：「去M百貨公司銷售商品時，請把陳列架移到醒目的位置去」。去向百貨公司反映之前，他對我說：「這是不可能啦」。而我則硬是要P先生去反映，回來之後他露出無奈的冷笑。

「箱田社長，我被笑了啦！被對方說了不行。這是理所當然的嘛！」

「P先生，你被客戶說不行就認為不行了嗎？如果對方說什麼你都照做的話，顧客叫你從窗戶跳下去，你也會跟著跳下去嗎？」

「這是兩回事吧……」

結果，我以外國的百貨公司為例，藉由視覺性工具向客戶做完簡報之後，客戶的NO變成了YES。

所謂的銷售話術，指的是「讓對方從說NO變成MAYBE、YES的過程」。

三大心理之③

人往往採取否定式思考

如果你完全不和顧客聯絡的話，
情況會變成怎樣呢？

顧客會朝壞的方向去想

所謂的銷售話術，就是將對方從
說 NO 改說 MAYBE、YES！

11 了解人們的「行為模式」，銷售量就能提升！

人們都有共通的「行為模式」和「反應模式」。

只要把這些弄清楚，你的業務行銷能力就會大大的提昇。因為只要了解人類的「行為模式」，就能夠了解「該怎麼做才能讓對方對你抱持好感」。

業務行銷的終極目標「不是在於提高銷售量，而是要建立起良好的人際關係」。

而業績是跟著良好人際關係這個結果而來。要與對方建立良好人際關係的第一步，就是要了解自己也了解他人。

首先，要在理解包含所有人的心理的「行為模式」之後，才進行銷售話術，這樣就能成為了解人心的不敗業務員。

即使顧客對商品有些興趣，但如果不喜歡業務員的話，他也不會購買商品。因此對業務員來說，「讓人覺得你很不錯」非常重要。

讓我來告訴大家，我在銷售話術中所掌握到的「三好」吧！

所謂的「三好」，指的是「好意」、「好感」、「好印象」。

只要讓對方產生這些感覺，肯定就會產生「買下來吧！」的想法。

掌握三好

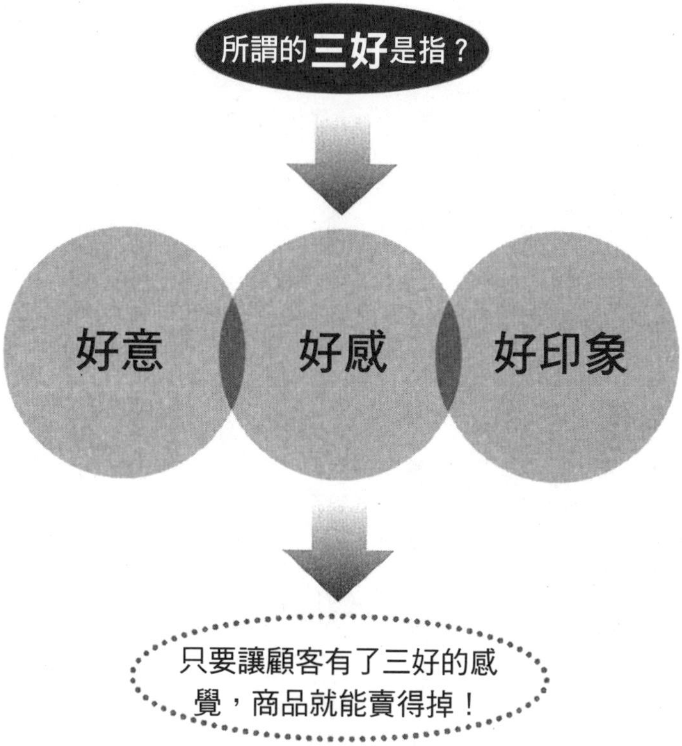
所謂的三好是指？
好意
好感
好印象
只要讓顧客有了三好的感覺，商品就能賣得掉！

對銷售員來說，「讓人感覺你不錯」非常重要

12 了解人類的行為模式——「薩江法則」

在進行銷售話術前，了解人類的行為模式是很重要的。有一位名為薩江的學者提到了以下三大法則，一般稱之為「薩江法則」：

1. 人對陌生人會以具攻擊性、批判、冷淡的態度去應對
2. 人見越多次面就會對對方越有好感
3. 人一旦知道對方的另一面，就會對他抱持好感

從上述內容我們可以知道，「要建立起良好的人際關係，讓彼此變熟是很重要的」。

由於我本身職業的關係，有很多機會可以見到超級業務員。見面之後讓我很驚訝的是，他們對銷售商品並不執著。

既然如此，為什麼他們會成為超級業務員呢？

那是因為他們把「和顧客建立起良好的關係」放在第一順位。

在超級業務員的經驗裡，「要建立良好的人際關係，讓彼此變熟是很重要的」，而且他們很清楚，這與提升銷售量是連結在一起的。

那麼，我們來詳細說明一下「薩江法則」吧。

行為模式之①
人對陌生人會以具攻擊性、批判、冷淡的態度去應對

假設你走在東京銀座的街上，發現有人倒在地上。如果他是你不認識的人，你大概會直接走過去吧！但也可能會因為惻隱之心而停下來一會兒就是了。

此時，如果那個倒下的人是你很熟的人又是如何呢？

你應該會立刻跑過去幫忙，並設法叫醒他才對。

在一般的溝通上也是如此，人在面對陌生人的時候，在應對上一般會採取冷淡的態度，而且也能做得到。因此，這就是為什麼業務員必須努力親近顧客、避免遭到冷漠對待，並且小心地進行銷售話術的原因所在。

行為模式之②
人見越多次面就會對對方越有好感

第二個是為人所熟知的「熟悉度」法則。隨著彼此接觸的次數增加，就能讓對方對你抱持好感，和顧客之間「越是見面關係就越好」。

在銷售的藍契斯特法則（譯註：19世紀，英國航空工程師藍契斯特自戰略與戰術理論研究中發展出的法則，後來被應用在商業行銷上）當中，有一條法則是「商品銷

售量與拜訪次數呈倍數關係」。也就是說，只要增加拜訪顧客及交談的機會，商品銷售量就會隨之增加，並且「呈倍數」提高。

這與「業務員就算沒事也要去拜訪」或「發出去的名片累積厚度等同於商品銷售量」之類的銷售格言，道理是一樣的。打個電話跟顧客說「手冊今天印好了」、「我有消息一定要告訴您」之類的話，邊頻繁地去拜訪顧客吧！

換句話說，提高見面的頻率、增加與顧客說話的次數是很重要的。重點是要讓顧客說話，然後從中了解顧客。我們的目的是聊聊自己、讓對方認識我們，所以並沒有特別需要說服力。

只要接觸的頻率變多，人家就會對我們抱持好感了。因此，與其一個月見一次面、聊天三十分鐘，倒不如一個月見六次面、每次聊個五分鐘。這個方法請牢記在心。

行為模式之③
人一旦知道對方的另一面，就會對他抱持好感。

請把「人的另一面」當成是「工作之外的面貌」去思考。

得知對方工作之外的面貌，例如家人、興趣、價值觀等等，人與人之間的

薩江法則

1 人對陌生人會以具攻擊性、批判、冷淡的態度去應對。

2 人見越多次面就會對對方越有好感。

3 人一旦知道對方的另一面，就會對他抱持好感。

建立良好的人際關係，
讓彼此變得熟稔很重要。

關係就能變得友好親近。

一項針對《日經新聞》超級業務員銷售話術的調查，得出「交談內容有八成是在閒聊，兩成是談生意，總之就是仔細傾聽對方說話」的結果，這就是頂尖業務員共通的銷售話術。

換句話說，只要將你工作之外的另一面顯露出來的話，顧客就能知道你人性化的一面。藉由知道這些事，對方就會對你抱持好感，最終就可以連接到能讓產品熱賣的銷售話術上。

第2章

讓顧客會想買東西的「魔法話術」

① 能讓你受到顧客喜愛的話術是？

為了使銷售話術順利進行，我們必須在一開始與顧客接觸的時候就給予對方好感。因為，正如第一章裡說明過的，人只會向自己喜歡的人買東西。

在本章我要介紹「讓顧客對你抱持好感的應對法」。為了打好銷售話術的基礎，一開始接觸的階段非常重要。

顧客並不在乎你的事。當你去拜訪顧客時，顧客正在做什麼呢？恐怕是正在忙著做自己的事。這並不僅限於初次拜訪的對象，即使是已經拜訪了數十次的熟客大概也是一樣。只要你登門拜訪，對方應該大多都會覺得，「我明明都這麼忙了，你拜訪的時間點選得還真差」才對。

業務員與顧客之間經常隔著一道牆。只要業務員想推銷東西，顧客就會拒絕。結果就會像下一頁的圖一樣，產生對立的循環。

那麼，想讓圖的兩個圓圈往同一個方向轉的話，應該怎麼做才好呢？要做到這一點就必須繫上傳輸帶。我將它稱之為「心的傳輸帶」。「心的傳輸帶」在心理學上叫做「親和感」（譯註：rapport，語源來自法語，意思是橋樑）。簡單來說，就是要進行讓對方覺得「你真是個好人」、「你很不錯」的話術。

維持親切感

顧客與銷售員之間有一道牆

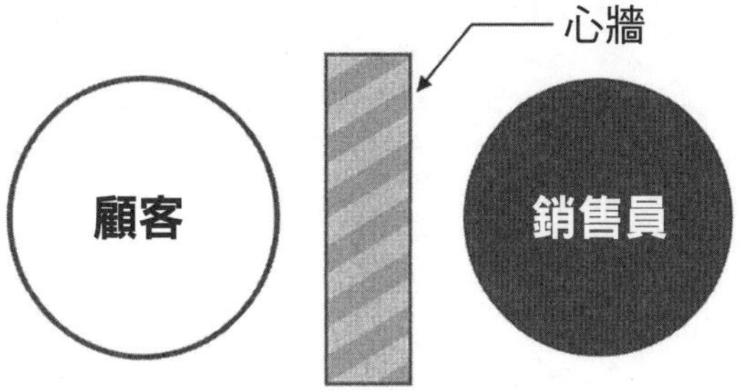

在顧客身上繫上心的傳輸帶

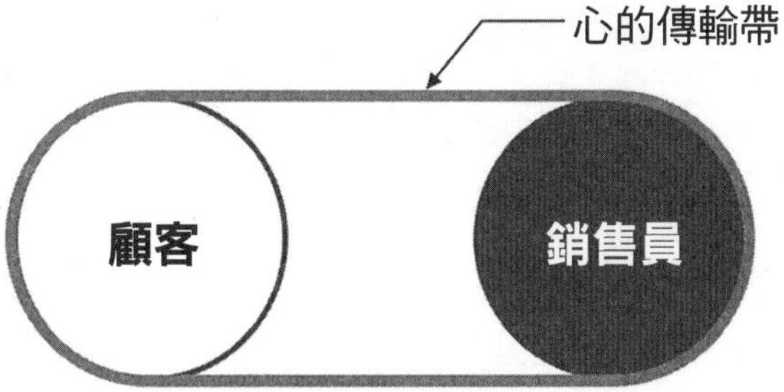

銷售員要用心進行
讓人覺得「你真是個好人」、
「你很不錯」的話術

② 為了建立起良好的人際關係，就要製造出「共鳴區」

本書36頁所介紹過的「薩江法則」，提及了以下的內容：①人對陌生人會以具攻擊性、批判、冷淡的態度去應對；②人見越多次面就會對對方越有好感；③人一旦知道對方的另一面，就會對他抱持好感。

從這些內容我們可以得知：為了讓顧客對我們抱持好感，「聊聊自己的事」是必要的。

因此，首先必須敞開自己的心胸，創造出與顧客的「共鳴區」才行。

為了讓對方覺得自己是「好人」，首先要先聊聊自己的事，這就叫做「敞開心胸」。記住！沒有必要刻意裝酷耍帥，反而要多說些自己失敗的經驗談之類的話題，這樣比較人性化。

我們顯露出自己很遜的一面之後，就會讓對方安下心來。所以業務員不能裝模作樣，尤其絕對禁止炫耀自己。

不妨聊一些未來的夢想、家人的事、自己的煩惱等等，讓對方多了解你這個人。如果急躁地認為「講這些話就沒辦法談生意了」是不行的。「交談內容有八成是在閒聊，兩成是在談生意」，這正是成功業務員的銷售話術。

創造共鳴區的方法

敞開自己的心胸

聊聊自己的事

- 說些自己失敗的經驗談
- 顯露出自己很遜的一面
- 聊聊未來的夢想、家人的事、自己的煩惱等等

銷售員不能裝模作樣！
炫耀自己的話題更是絕對禁止！

先從聊聊自己，創造出「共鳴區」開始吧！

接著要盡量引導對方多說話，以擴大「共鳴區」。

總之，就是要讓對方開口說話。發問之後，讓自己成為傾聽的角色，一邊點頭贊同，一邊認真聽對方說話（關於「詢問技巧」在本書第四章會加以說明）。

「星期六或星期日的假日，您都在做些什麼呢？」用這一類問題去引導對方多說也可以。「我從今天介紹我們認識的○○先生那裡聽說，○○部長好像有在打高爾夫球？」以這種事前調查所得知的對方情報為基礎來發話也可以。

最後把焦點集中在彼此的共通點上，無限地擴張「共鳴區」。

把焦點集中在彼此的共通點上，直接針對那個話題聊上一陣子。

「您從家裡到公司通勤時間很長嗎？」「三十分鐘？住得這麼近真好。您住在哪裡呢？」「那麼，是從巢鴨出發嗎？那一帶交通很方便呢！其實我有個朋友就住在巢鴨。」以上述輕鬆的方式去聊。

如果通勤時間很長的話，只要說：「我花的時間更長。您和我都得花這麼長的時間通勤，真的是很辛苦呢！」就可以了。

盡量找出共通點，把話題延伸出去之後，共鳴區就逐漸擴大，然後自然而然地就可以在顧客身上繫上「心的傳輸帶」，建立起良好的人際關係。

製造共鳴區的方法

引出對方的話題

- 以事前調查
  得知的對方情報開口發問

- 一邊點頭贊同，
  一邊認真地聽對方說話

成功的銷售員在談話時是
「交談內容有八成在閒聊，兩成在談生意。」

③ 讓顧客對你抱持好感的六大銷售話術

只要讓顧客對你抱持好感，商品銷售量自然就會提升。這一點前面也說明過，因為銷售立基於「人」，所以「誰在賣」就變得很重要。

也就是說，只要知道「受到顧客喜愛」的方法，賣出商品的機率就很高。

所以，接下來要介紹讓顧客對你抱持好感的銷售話術六大方法，同時也是不能忽視的技巧。這全部都是銷售話術基本中的基本。這六大方法就是：

1. 稱讚
2. 禮物
3. 丟出問題
4. 展示（展示物）
5. 提供建議
6. 提供服務

接下來我將詳細說明之。

六大銷售話術

1. 稱讚
2. 禮物
3. 丟出問題
4. 展示（展示物）
5. 提供建議
6. 提供服務

只要讓顧客對你抱持好感，
銷售量自然就會跟著提升

4 「讓人對你抱持好感的六大銷售話術」之① 稱讚

要稱讚別人，事前的資料蒐集是不可或缺的。否則萬一你原本打算稱讚櫃臺接待人員，結果你實際去拜訪的時候，才發現那個地方根本沒有櫃臺，這樣子就無法達成。

我覺得最棒的就是恰好稱讚了「顧客想被稱讚之處」。

對我來說，要是有人稱讚我開的跑車，我就會覺得很開心。

但是，由於每個人被稱讚之後會感到開心、高興的事物都不盡相同，所以事前就要蒐集好相關資訊比較好。

不過，客套話只是謊言而已。多數人想聽到的不是容易被識破的謊言，而是打從心裡稱讚你真正有感覺的事物，這樣對方才會覺得高興。

「這兩、三年來，貴公司業績的上升速度真是驚人啊！」

「最近，外界對貴公司的商品評價很高喔！」

「貴公子似乎在日本國際青年商會很活躍，真是優秀啊！」

要像這樣說出讓對方感到開心的事。對於讓你感到開心的人，你難道不會對他抱持好感嗎？一定會有好感才對。對方也是一樣的。

稱讚

顧客對於讓自己開心的人會抱持好感

重點

- 事前先蒐集好那些顧客被稱讚之後會感到開心的相關資訊
- 不要說客套話
- 打從心裡稱讚你真正有感覺的事物

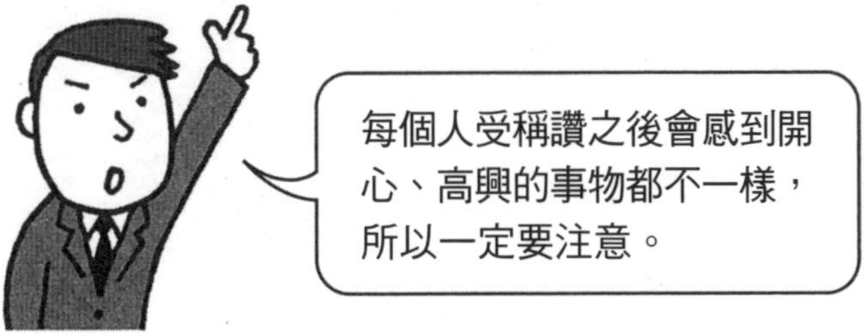
每個人受稱讚之後會感到開心、高興的事物都不一樣，所以一定要注意。

⑤「讓人對你抱持好感的六大銷售話術」之② 禮物

雖說是「送禮物」，但不需要送貴重的東西。

我在美國接受銷售訓練時，發現有個業務員會把糖果放在包包裡，然後送給櫃臺或賣場的女性。我心裡不禁感到佩服：「原來還有這種做法啊！」收到糖果的女性全都說「謝謝」並露出微笑。這就是為了讓對方喜歡自己的一種做法。

我從業務員那邊「收到」的東西中，有一張彷彿有物體飛躍而出的3D圖片讓我印象深刻。圖案是美麗的魚，背景則是畫，看上去那條魚彷彿要跳出來一樣。那是一張明信片大小的卡片，它不但讓我印象深刻，而且很有趣，我把它擺在桌上好一陣子。

「送東西」的優點，就是看到它的時候，會回想起送禮的人。光是保存期限比食物來得長這一點，就可以說效果很好。

不論是什麼人，收到禮物都會很開心。

選擇像是月曆、手巾、筆記用品之類的小禮物就可以了，不妨試著帶這些伴手禮進行銷售話術。

禮物

顧客在看到禮物的時候就會想起你

不論是什麼人，收到禮物都會很開心！
月曆、手巾、筆記用品等小禮物
都可以，當成伴手禮帶去吧！

6「讓人對你抱持好感的六大銷售話術」之③ 丟出問題

如果不了解對方需求的話，銷售就不可能順利。如果問題問得好，就可以獲取對方的資訊，所以找出對方需求的詢問技巧是不可或缺的。

有一句話說：「LISTENING IS LOVING」。

意思是「傾聽就是愛」。

實際上，不僅是業務員而已，我們總是會想要聊自己的事。換做是小孩子的話，他們最喜歡的就是經常聽自己說話的爺爺、奶奶。

一流業務員很善於傾聽、詢問。如果問題問得好，就能消除與顧客之間那道「無形的心牆」，讓雙方都敞開心胸。

話雖如此，如果以「什麼時候」、「在哪裡」、「和誰一起」這種5W1H的方式嚴肅提問，與其說是詢問，倒不如說像是警察在偵訊，所以請務必要留心。

請帶著感情，仔細傾聽對方說的話，甚至是聽對方炫耀自己吧。

不斷向顧客提出問題，讓他主動開口說話，這是很重要的應對法。

雙方還在剛認識階段時，你必須壓抑想聊自己的事的欲望。

丟出問題

重點

- 不斷提出問題，
  讓顧客開口說話

- 帶著感情傾聽顧客說話

- 雙方還在剛認識階段時，
  你必須壓抑想聊自己的事的欲望。

- 不要連續進行嚴肅的 5W1H 詢問

問題問得好，就能獲取顧客的資訊，
所以找出對方需求的提問
是不可或缺的。

⑦「讓人對你抱持好感的六大銷售話術」之④ 展示（展示物）

職場上最常遇到的麻煩就是「你說過了」、「你沒說過」、「我沒聽到」之類的失誤溝通。

光靠口頭講述，無法正確地表達要說明的事物。與其滔滔不絕說著精確的數字，倒不如試著一邊展示些東西給對方看，一邊說：「請您看這邊的曲線圖」、「關於右邊的圖片……」。一定要讓對方了解你說明的是怎樣的曲線圖、怎樣的圖片。

人習慣用眼睛觀看，而且會相信自己所見的事物。

英文裡是這麼說的：「SEEING IS BELIEVING」。

意思是「眼見為憑」，在日本也有「百聞不如一見」這句話。

在適當時機展示出樣品、統計、圖表、數據等等，然後進行銷售話術。

如果能熟練地展示出視覺性工具，就會讓對方覺得你的說明「簡單易懂」。

根據明尼蘇達大學調查研究中心的統計，使用視覺性工具說明之後，說服力會提高43％。

說得越「簡單易懂」，就越討人喜歡。

展示（展示物）

優點

- 使用視覺性工具說明之後，
說服力會提高 43%（明尼蘇達大學統計資料）

- 人習慣用眼睛觀看

- 人會相信自己所見的事物

- 說明簡單易懂的銷售員會受到顧客
的喜愛。

**在適當時機展示出樣品、統計、
圖表、數據等等進行銷售話術。**

8 「讓人對你抱持好感的六大銷售話術」之⑤　提供建議

一旦我們被提供了對自己有好處的建議之後，就會感到很高興。

「我今天為你帶來了可以確實存到錢的好方法。」

要是這麼說的話，大部分的人都會感到很高興，而且會想盡快聽聽看內容是什麼。

「我有一個肯定能提高賣場效率的提議。」

如上所述，提供建議的重點在於「對顧客有好處」。

此時銷售話術的訣竅是，立刻先提出結論。說明不要過於迂迴，而要直截了當丟出一句話，也就是直接說出結論。

「這麼做工作就會順利。」

「這是個既好賣、利潤又高的商品。」

「用這個方法可以削減經費。」

就像上述的句子一樣，請你花費心思提出簡單易懂的結論。

提供建議會讓顧客覺得受到重視。換句話說，他會變得更信賴你。

當你得到顧客的信賴之後再進行銷售話術，商品賣掉的機率自然就更高。

提供建議

優點

- 顧客被提供了對自己有好處的建議之後，就會感到很高興。

- 顧客感覺受到重視

↓

顧客會更信賴你，
商品賣出去的機率變得更高。

提供建議的重點在於「對顧客有好處」。

⑨「讓人對你抱持好感的六大銷售話術」之⑥　提供服務

某個縫紉機製造廠的業務員，掛著「服務課」的名牌在路上走著。

「我們現在正提供免費維修的服務。這次的服務是免費上油，請問您要不要試一下呢？」

他雖然是縫紉機的業務員，卻絕口不提行銷業務或銷售的事。

在做完免費服務的維修之後，他接著說：「對了，我們公司最近出了一種內建電腦、輕巧好用的縫紉機機種喔！請您參考一下這份產品型錄」，於是順利地進入正式談生意的階段。

在行銷業務與顧客的接觸法裡，把像這樣提供服務的接觸方式稱之為「服務接觸法」。對方在接受服務之後，將會因此而感到高興。

也就是說，在對方對你抱持好感後，銷售話術就能進行得更加順利。幫忙搬東西，或是提供掃除之類的勞務服務也很不錯。

所謂的提供服務，就是會有這樣的好處。

提供服務

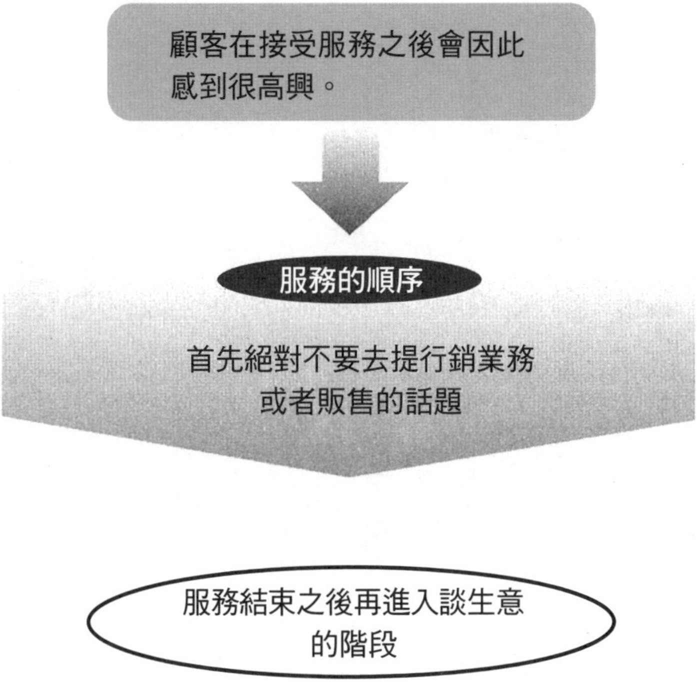
顧客在接受服務之後會因此感到很高興。
服務的順序
首先絕對不要去提行銷業務或者販售的話題
服務結束之後再進入談生意的階段

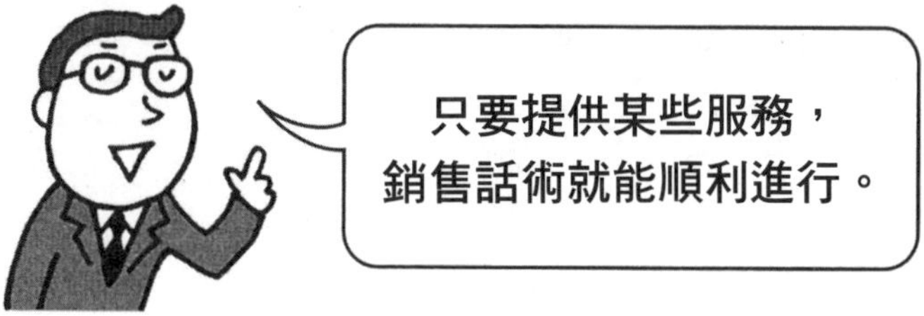
只要提供某些服務，銷售話術就能順利進行。

⑩ 用來和顧客建立良好關係的「NLP理論」

和顧客建立良好關係是銷售的第一步，關於這個部分，我們從前文一直敘述到這裡，相信大家應該都能夠明白。

接下來我要介紹把「與顧客建立良好關係的方法」體系化的「NLP理論」。「NLP理論」在美國掀起一股風潮，有許多的業務員都在學習它。

提出「NLP理論」的是葛瑞德與班德勒這兩位心理學家。NLP分別是Neuro Linguistic Programming第一個字母的縮寫，被譯為「神經語言程式學」。

我們一看到「泡菜」這個詞彙，就會聯想到「辣」。由於言語與腦神經是相連的，所以我們會回想起辣的味道，甚至連表情也變成吃到辣的模樣。

同理，在銷售話術當中，你所說的話也會讓顧客的神經活動起來。此外，你的動作也會對顧客的神經產生影響。既然如此，那麼就讓神經往好的方向運作。以心理學為基礎，並且加上體系化的「NLP理論」，就是基於這種想法而產生。

換句話說，學習「NLP理論」，對於擴展共鳴區以及和顧客建立良好人際關係的銷售話術很有幫助。

NLP 理論是指？

言語會對腦神經產生影響

學習「NLP 理論」，對於擴展共鳴區，
和顧客建立良好的人際關係很有幫助

11 附和顧客說話能博取好感

試著在心裡想著你的一位好友。如何？他和你的共通點是不是很多？出生地相同、念同一所學校、同一個社團、一起進公司、興趣相投……諸如此類。

我們喜歡和自己相似的人，這就叫做「LIKE＝LIKE的理論」。LIKE有「喜歡」和「相似（就像……一樣）」這兩種解釋。換句話說，人會「喜歡」上和自己「相似」的人。

所以，如果你想在推銷時被顧客喜歡，只要附和顧客的話就可以了。如果對方說「好熱啊」，即使你不怎麼覺得熱，不妨附和回答到：「真的很熱呢」。

一般來說，業務員與顧客之間有一道很厚的無形心牆。要是我們不能跟對方同調的話，這一道牆就會越來越厚。

如果對方說「今天真熱」，你卻回了「我不覺得熱啊」之類的話，不但會讓對方感到不悅，還會讓彼此的交談無法繼續下去。「真的很熱呢，不知道有開冷氣嗎？」只要像這樣以肯定語句附和即可。如此一來，彼此的交談也能繼續下去了，對吧？

LIKE ＝ LIKE 的理論

人類會喜歡上和自己
「相似的人」！

所以

只要附和顧客說話即可！

⑫ 使用「呼應」來配合對方步調的說話技巧

由於人會喜歡上與自己相似的人，所以配合對方是必要的。所謂的配合對方，意思就是配合對方的步調和速度，在NLP中稱之為「呼應（pacing）」。

你對什麼樣的人感到有親切感呢？不就是家人、朋友嗎？

試著回想一下那些家人、朋友的事。他們一定和你有很多的共通點，或是相似的部份。

換句話說，我們只要在談話時，有意識地創造出與顧客之間的共同點、相似的部份即可。

所謂的「呼應」，就如下頁的圖，有BMW三大領域。我將會在下一個部分說明「呼應」的具體手法，所以在此請讀者們先了解有三大領域的存在。

在了解了何謂三大領域之後，接下來我將具體說明如何把呼應手法應用在說話技巧上。

具體的呼應手法有：①映現（Miroring）、②同調（Tuning）、③匹配（Matching）。

呼應的三大領域「BMW」

Body Language（肢體語言）

姿勢、體態、手勢、服裝、態度、動作、表情、呼吸、坐姿、腳的位置

Mood（情緒）

喜怒哀樂、開朗、文靜、熱情、感覺、信念、價值觀、思考

Words（說話方式）

速度、聲音的高低大小、表達、語句的長短、專業用語、外語、口吻

談話時，只要刻意去製造與顧客之間的共同點、相似的部份就可以了

⑬ 呼應的三大技巧

呼應技巧之①「映現（Miroring）」

因為這技巧是以肢體語言，如照鏡子般模仿對方，所以才有這個名稱出現。

以前，歐洲心理學家針對肢體語言做了一項調查。結果發現，感情很好的情侶，彼此動作一致得像是在照鏡子一樣。反過來思考，只要彼此肢體語言類似，關係就會逐漸變好。先透過配合對方的肢體語言來讓他對你抱持好感，這就是映現的思考方式。

在好幾年前，我曾經專程前往某間公司道歉。我對那間公司的總務部長使用了映現的技巧。總務部長喝茶時，我也跟著喝茶。

像這樣持續做與對方相同的動作邊交談，就會在不知不覺間向對方傳達出「這個人是好人」的訊息。在現實生活當中，我使用了映現的技巧，就真的和那位總務部長化解誤會，讓氣氛變得和緩。

不過，要是模仿太過頭的話，或許會有人覺得受到嘲弄而因此大發脾氣。

要一邊配合著對方的節奏，一邊進行對話才是箇中訣竅。

呼應技巧之②「同調（Tuning）」

所謂的「同調」，就像廣播節目在選曲一樣，需配合對方與當時的氛圍說話。同調是以悲喜、開朗、文靜之類的情緒或狀態，以及感覺、價值觀、信念、思考等為對象。

如果顧客看起來很悲傷，你也要配合對方，調整到悲傷的頻率再進行交談。或者，假設有位顧客怒氣沖沖地前來抱怨：「你們說這個星期會送過來，所以我一直在等！到現在還沒有收到是怎麼回事啊！」如果聽到這種抱怨，你卻冷淡地回答：「喔，是嗎？我查查看」是不行的。

「咦？這太奇怪了！真的非常抱歉！我立刻調查之後再和您聯絡！」你一定要像這樣配合對方的情緒狀態。

如果對方憤怒的程度是九十，你也要作出配合，把情緒波浪提升到九十，必須強烈表現出感到非常抱歉的心情與對方交談才行。

呼應技巧之③「匹配（Matching）」

「匹配」是指配合對方的說話方式。

首先配合對方的說話速度。當你碰到說話和緩仔細的人時，就維持和緩的心情與對方交談。另外，當你遇到說話速度很快的人時，如果說得太慢，會讓對方覺得拖泥帶水，所以你也要跟著把話講得很快。不只是說話的速度而已，聲音的大小、高低、口氣、表現、語詞等也都要去配合。

如果對方說「今天好冷啊」，而你卻只回答「對啊！」是不夠的。不斷重複相同的事，匹配的效果就會越高。如果你聽到「今天好冷啊」，就要回答「嗯，今天真的很冷呢！」之類的話。如果對方使用很多專業術語或英文的話，你也要刻意使用專業術語或英文；對方說話的口吻平易近人的話，你也要去配合對方。

自古以來，爺爺、奶奶都很受孫子們喜愛。那是因為他們會蹲下來配合孫子的「視線」去說話。他們會一邊呼應孫子，一邊和他們交談。而且說話的口吻也能做到匹配。譬如像是「ㄅㄨㄅㄨ（車子）來囉」等，他們會使用孫子的詞彙。孫子也會因為「對方使用的是相同語言」而感到安心。

業務員絕不能忘記要使用符合對方年齡的詞彙與對方交談。

我認為，像迪士尼樂園、迪士尼海洋樂園這些超人氣的主題樂園，之所以大受歡迎，原因之一就是「呼應」。即使是負責掃地的人，和小孩說話時，都一定會配合他們調整視線的高度。這麼一來，小孩一定會感到高興，父母也會覺得很好。銷售話術也是如此，配合顧客說話方式及視線就可以博得對方的好感。如此一來，顧客也就能安心向你購買商品。

呼應的三大技巧

映　現

以肢體語言，像在照鏡子般地
模仿對方

同　調

配合對方的情緒交談

匹　配

配合對方說話的方式

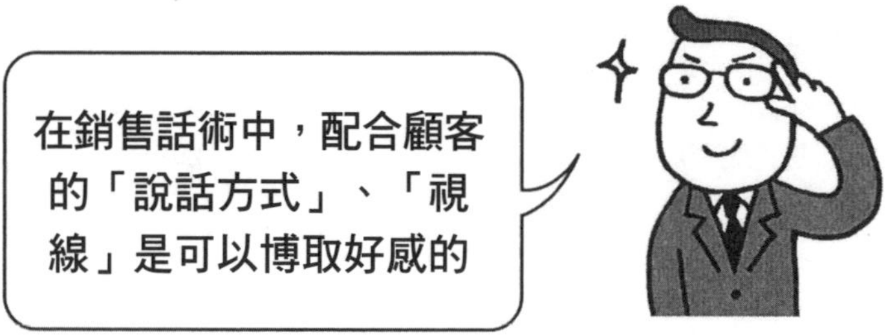
在銷售話術中，配合顧客的「說話方式」、「視線」是可以博取好感的

14 呼應的「附加」說話技巧

前面說明的①映現、②同調、③匹配，是最基本的呼應技巧。熟悉這些基本技巧之後，還要使用「附加」的說話技巧。配合對方的話語之後，再加上一句話，就稱之為「附加（plus one）」。

假使有人向你說「早安」的話，你會怎麼回應呢？

一般大概只回了句「早安」就結束了吧！不過，如果記得多加上一句話，情況會變成如何呢？

「早安，田中先生」，像這樣加上名字也可以；或者是「早安，您最近好嗎」，像這樣發問也不錯。只要像這樣發問，之後對方就會回答「嗯，我最近很好喔」，或是「呃，其實我身體不太好呢」之類的，話匣子將就此打開。

換句話說，即使是不擅言詞的業務員，只要記住使用「附加」技巧的話，就能找到打開話匣子的切入點。

交談就像是棒球的傳接球一樣。呼應之後再使用附加技巧的做法，就是為了讓交談繼續延伸，讓人際關係變得圓滑的說話技巧。

如果聽到顧客說「景氣真差啊！」時，應該怎麼應對才好呢？請你試著使用呼應・附加的說話技巧去思考。

首先，你可以用「景氣真的很差呢！」表示同意。在那之後，試著加上一句「尤其鋼鐵業好像特別差」看看。如此一來，交談應該會持續下去才是。

相反的，如果你不呼應的話，情況會變成怎樣呢？（不做呼應稱之為「反呼應」）。

顧客明明說了「景氣真差啊」，你卻回答「會嗎？我不這麼覺得」；被問到「現在幾點了？」卻回「你自己看一下時鐘不就知道了？」的話，對方會不耐煩也是當然的吧。

接下來我舉幾個例子，請大家試著以呼應・附加的說話技巧思考看看。

「貴公司的佐藤先生是很開朗的人嗎？」

好了，你會怎麼回答？

「沒這回事啦！」或「不、不，他只有在顧客面前會這樣而已喔！」等等都是反呼應式的回答。

「是啊！他個性很開朗，在公司裡也很受歡迎呢！」試著像這樣使用呼應・附加技巧。

聽到「鈴木一朗最近表現很好呢！」時，你要怎麼回答呢？

「我對棒球沒興趣」或「我不怎麼喜歡鈴木一朗」等等，大家應該都知道是反呼應式的回答了吧。使用以下的「先使用呼應技巧，然後再使用附加技巧」的交談方式如何？

「真的！要是他在美國大聯盟奪得三冠王，那就大快人心了」、「我本身也是一朗的球迷，他最近表現真的非常出色呢」。像是這樣的回答方式，就是使用呼應．附加技巧的交談方式。

不過，在使用呼應．附加的交談技巧上，有一個需要注意的重點。

假設有人對你說：「我最近常常肚子痛，該不會是胃潰瘍吧？」在這種時候就必須稍微注意一下。我們常犯的錯就是不加思索地鼓勵對方。這對當事人來說反而會覺得很討厭，所以不是很好。

「沒事啦，是您想太多了」或是「沒那回事啦！沒問題的」，這樣的說法並無法讓對方感到滿意，倒不妨試著站在對方的立場說話：

「這樣不太好耶！到醫院去做個檢查如何？」

「真的嗎？感覺好像很痛耶！還是去醫院仔細接受檢查比較好喔！」

像這樣以同理心站在對方的立場，就是使用呼應．附加交談技巧的基本條件。

「呼應」技巧搭配「附加」技巧

配合對方的說話，然後再
加上一句話。

以同理心站在對方的立場是最基本的

第 3 章

讓顧客產生好感的「傾聽」技巧

1 「仔細傾聽」就能讓銷售量上升

正如銷售話術般，在所謂的銷售話術裡，「說話」是很重要的，這一點不用我解釋大家也知道。不過，「傾聽技巧」也非常的重要。

透過傾聽，可蒐集到掌握對方需求的資訊，更重要的是，對方會對認真聽他說話的你，產生好感。

以前《日本經濟新聞》曾做過一份「成功業務員的銷售話術」的問卷，得到了以下的結論：

1. 總之，要仔細傾聽對方說話
2. 以「交談內容八成在閒聊，兩成在談生意」的方式談話，讓對方喜歡自己
3. 以符合對方年齡層的詞彙說話
4. 找出對方的優點稱讚他，但不要說很容易就被識破的客套話

而榮登包括不動產、汽車、保險等各業界頂尖業務員心中第一名的銷售話術，就是「仔細傾聽」。

如果進而把仔細傾聽的態度展現出來的話，將更能夠獲得顧客的信賴。

換句話說，「仔細傾聽」就能讓銷售量上升。

成功業務員的銷售話術是？

1. 總之，要仔細傾聽對方說話。

2. 以「交談內容八成在閒聊，兩成在談生意」的方式談話，讓對方喜歡自己。

3. 以符合對方年齡層的詞彙說話。

4. 找出對方的優點稱讚他，但不要說很容易就被識破的客套話。

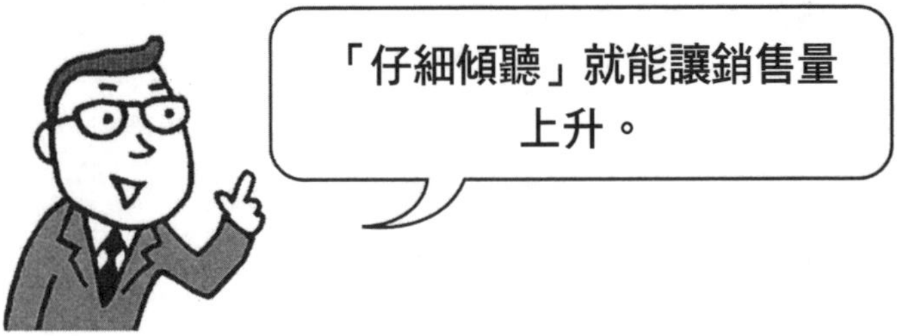

②「傾聽的五大技巧」之①　點頭效果

在這裡，我要介紹傾聽對方說話時的「給對方好印象的方法」。換句話說，就是「好的傾聽法」。出色的業務員會將「好的傾聽法」銘記在心。

在「傾聽技巧」當中，有個一方法叫做點頭效果。顧客和你見面後，他首先並不是想聽你的銷售話術而是在觀察你。

所以，在肢體語言上展現出「我很仔細在聽你說話」的姿態非常重要。因此，臉上的表情、態度都必須特別注意。

在這之中，「點頭」在溝通上可以發揮強大的效果。

根據心理學者馬塔拉佐的實驗發現，如果完全不點頭的話，說話者心裡會感到不安，話題頂多持續二十秒左右就說不下去了。

但是，點頭的次數越多，就會越讓說話者因為覺得對方在傾聽而感到安心，於是會高興地把說話時間拉長到六十秒左右。

對方話說得越久，我們不但能得到越多資訊，也可以更了解說話者的性格，所以這在銷售話術上是非常重要的。

對於正在點著頭的你，顧客會因為你很認真地聽他說話而感到滿足。

點頭效果

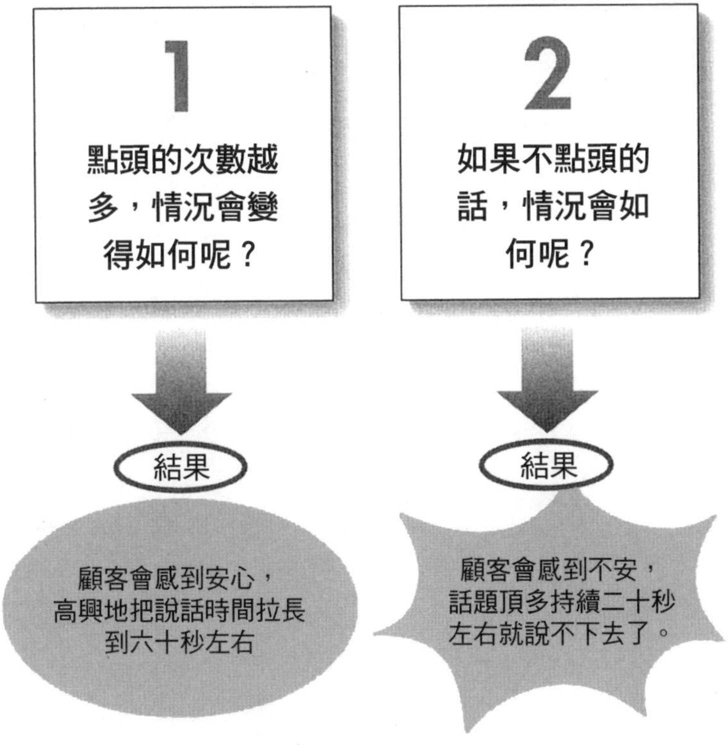
1
點頭的次數越多，情況會變得如何呢？
2
如果不點頭的話，情況會如何呢？
結果
顧客會感到安心，高興地把說話時間拉長到六十秒左右
結果
顧客會感到不安，話題頂多持續二十秒左右就說不下去了。

顧客對於正在點頭的你會感到滿足

③「傾聽的五大技巧」之②　附和效果

點頭的確很重要，但對一個業務員而言，光會默默點頭是不夠的。

點頭可說是讓資訊從眼睛傳入，如果也能夠向對方的耳朵發出「我很仔細在聽喔」的資訊，應該會得到加乘效果才對。

「喔喔」、「原來如此」、「是這樣啊」、「真是太厲害了！」

就像這樣發出聲音來附和吧！

我將這種做法取名為「驚訝效果」，請大家「盡情地對於對方所說的話表示驚訝吧」！

年輕的時候，我也經常附和年紀大的顧客說話。如果一邊附和一邊傾聽，對方的心情就會變好。

其實不僅是年紀大的人。願意認真傾聽炫耀話題的你，對於對方來說就是個「不錯的人」。

而「不錯的人」在談生意之時，也可說是在向對方表示「請你買我這個人的商品」吧！

附和效果

對顧客所說的話發出「我有仔細在聽喔」的資訊，對方的心情就會變好。

重點

「喔喔。」

「原來如此！」

「是這樣啊！」

「真是太厲害了！」

發出諸如此類的聲音去附和

仔細傾聽顧客說話的你，對顧客來說就是個「好人」

4 「傾聽的五大技巧」之③ 視線效果

有人說：「眼睛像嘴巴一樣會說話」。歐美也有句話叫做：「眼睛是心靈之窗」。人們認為人心或者性格會從眼睛顯現出來。

「溫柔的眼睛」、「冷漠的眼睛」、「驚慌失措的眼睛」、「貪婪的眼睛」，就如同這些詞彙般，我們在表現人心時，經常會用眼睛來描述。

此外，以眼睛表達人際關係的詞彙也很多。就像「目上（譯註：日文中的長輩）」、「目下（譯註：日文中的晚輩）」、「視線對上了」、「用眼睛多留意」、「注意」般，要說溝通是從眼睛開始也不為過。

當然在銷售方面也是一樣，傾聽對方說話時，「眼睛」具有很大的力量。

首先，最重要的是必須表現出「我在專注地聽你說話」的態度。

仔細地盯著對方，就像在表示「我正在聽」的意思。刻意移開視線、一邊拆信一邊看報紙等，像這樣一邊做事一邊聽別人說話是絕對不行的。

聽對方說話時要精神集中，好好地用目光與之接觸，展現出業務員的誠意。

視線效果

仔細地看著對方就像在表示
「我正在聽」的意思

重點

● 好好地以目光與之接觸，展現出誠意

● 不要邊做事邊聽別人說話

傾聽對方說話時，「眼睛」
具有很大的力量

⑤「傾聽的五大技巧」之④　發問效果

發問就是在傳達「我有仔細地在聽你說話」的訊息。此外，如果沒有認真傾聽，有時也可能會問不出問題。

業務員必須想出讓對方願意繼續聊下去的問題。

發問有「開放性問題」與「封閉性問題」兩種。即使發問，交談也無法繼續下去，這是因為問的是「封閉性問題」之故。

所謂的「封閉性問題」，指的是用「YES」或「NO」就能回答的問題，或者答案只有一個的問題。

「交貨期訂在九月底了，對吧」、「好熱啊」、「英國的首都是哪裡」之類的問題，都很可能讓話題無法繼續。

這種時候就有必要使用「開放性問題」。所謂的「開放性問題」，指的是盡可能讓對方配合提出意見的問題。

「提升銷售量最重要的是什麼」、「您認為該怎麼做才能解決那個問題呢」、「您認為原因是什麼呢」，提出這種「開放性問題」，就有可能會出現各種說法，交談也能夠繼續下去。

發問效果

發問就是在傳達「我有仔細地在聽你說話」的訊息

開放性問題

||

盡可能讓對方配合提出意見的問題

提升銷售量時最重要的是什麼？
你認為該怎麼做才能解決那個問題呢？

等等

提出開放性問題的話，就有可能會出現各種說法。

⑥「傾聽的五大技巧」之⑤　筆記效果

在研習會講課時，我有時會想「這個人真的有在聽嗎？」我的這個懷疑是針對完全沒在做筆記的學員而來。

我覺得尤其是參加研習會，應該有時會出現新想法，有時會聽到新的知識。如果完全不做筆記的話，就有可能會出錯。

如果我們在接待顧客的時候完全不做筆記，對方心裡會怎麼想呢？

「這個業務員真懶啊！」

「不記下來沒關係嗎？」

就像這樣會留給對方不好的印象。有的業務員會隨手拿紙來寫，這樣並不是很好。「業務員應該要帶著一本高級的皮革筆記」——這是我個人的堅持。

另外，做筆記這個動作，也會成為「認真聽對方說話」的肢體語言。

而且，做筆記也具有預防所謂「你說了，我沒說」的溝通上互不理解或溝通不良的狀況。因此，我建議各位要徹底變成筆記狂。

此外，在聽完對方說話之後，我希望各位一定要做到「回顧」。

這裡指的是重複對方說過的話。做了「回顧」之後，不但可以確認交談內

筆記效果

1 做筆記	2 不做筆記
↓ 結果	↓ 結果
成為「認真聽對方說話」的肢體語言	留給對方「這個人真的有在聽嗎？」的不良印象

做筆記具有防止溝通上互不理解的效果

容，還能防止話題說到一半就中斷。最重要的是可以給予對方「你有仔細在聽嘛」、「真是個頭腦不錯的傢伙」等良好印象。

舉例來說：

「今天謝謝您的諸多幫忙，請容我整理一下您說的話。您想表達的重點有三個：第一個是○○，第二個是○○，第三個是○○吧！請問我還有其他漏掉的地方嗎？」

只要這樣和對方交談，就能順利進入下一個階段。

當然啦，雖然我們是在聽對方說話，但做筆記時也要記到回去看得懂的程度才行。如果是長時間的交談，做筆記是無所謂；但如果是站著交談，做筆記反而很奇怪，所以就用自己的腦袋去記吧！即使是不擅長背誦的人，也得想辦法讓自己習慣才行。

交談到最後做個整理，便可順利進入下一個階段。

請一定要讓這個技巧成為你的習慣。

回顧

優點

- 可以確認話題內容

- 防止話題說到一半中斷

- 給人「你有仔細在聽嘛」、「真是個頭腦不錯的傢伙」等好印象

做個整理可以讓事情順利
進入下一個階段

第 4 章

一定賣得出去的「詢問」技巧

1 只要成為好的傾聽者，就能明白顧客的需求！

前文已經說明過，人多會以否定的方式思考事物。舉例來說，假設有個不論你說什麼，都會全部加以否定的人。你的心情會變得如何呢？

恐怕你會不想再說話，覺得對方讓你感到嫌惡吧？因此，在銷售上，被顧客討厭是致命的。

我二十五歲開始修習坐禪，而關於傾聽的重要性，有個著名的故事可以說說。

日本明治時代後期，鎌倉圓覺寺有一位名叫釋宗演的和尚。他曾經四度去美國用英文傳法，在當時算是走在時代尖端的和尚，夏目漱石（譯註：日本近代著名的文學家之一。有名的小說著作有《我是貓》、《心》、《少爺》等。）也是他的弟子。某天，一位美國來的宗教學教授去拜訪他，那位教授的目的是以「禪是什麼？」來與基督教作比較研究，然後寫一篇論文。

可是，當和尚開始談論佛教時，那個教授卻以「太奇怪了」或「不合邏輯」為由，不斷提出質疑。和尚看了看教授便說：「我們到隔壁房間喝杯茶吧」，然後他就開始把茶倒進茶杯裡。不過，茶水都溢出來了，和尚的動作卻還是沒停下來，仍然不斷地倒茶。

「大師，你的茶溢出來了喔！」教授如是說。

「你的心不也是一樣嗎？」和尚這麼回答。

「你的心就和這個茶杯一樣，充滿了雜念。我只要一說明，你就立刻強烈拒絕，所以名為『禪』的茶根本倒不進去。如果你真的想了解禪的話，請你放空你的心。」

換句話說，只要對方心中的杯子不是空的，根本就裝不進你所說的話。反過來說，想說服別人時，首先要讓對方徹底地把話說出來，讓他把心中所有東西傾吐出來。然後當他的心變空時，你只要說出自己的論點，就可以輕易深入他的心中。即使無法立刻與銷售連結也沒關係。

首先，仔細傾聽對方的話吧！

如果突然進行銷售話術的話，顧客心裡就會像那個教授一樣，完全聽不進去，於是他便會拒絕你。

只要成為好的傾聽者，溝通就會順利，然後就能博得對方的好感。這麼一來，即可打好以銷售作為目標的基礎。

「傾聽」是有優點的。

傾聽顧客說話的重要性，正如前文說明的一樣。

出色的業務員不會讓自己說太多話，而是會從傾聽開始獲得資訊。傾聽的優點如下：

1.只要傾聽就可獲得資訊（知道對方在想什麼）↓掌握顧客的需求。

2.傾聽可以讓雙方交情變好（把焦點集中在與顧客的共通面上）↓擴大共鳴區，建立良好的人際關係。

3.對方會感到自我滿足（藉由跟人說話使心靈得到療癒）↓徹底以對方的事情作為話題，滿足他的優越感、自尊心。

4.只要傾聽就能增長知識↓業界的知識可以使用在同一種行業上。

5.了解對方的性格↓知道對方的態度是積極或消極、個性溫柔或嚴厲，這可以成為日後應對的依據。

6.藉由適當的詢問解決顧客的問題，可以給予對方專業的形象↓受到信賴。

那麼，怎樣才能做到「傾聽」對方說話呢？

很簡單，只要開口詢問就可以了。

透過詢問，業務員即可獲得各式各樣的資訊。從下一個項目開始，我將會說明該問怎樣的問題比較好。

傾聽顧客說話

好處

- 只要傾聽就會得到資訊
- 傾聽可以讓雙方交情變好
- 對方會感到自我滿足
- 只要傾聽就能增長知識
- 了解對方的性格
- 能解決顧客的問題而受到信賴

只要顧客的心變空了，
你的意見就能輕易深入他的心。

② 使商談順利進行的「YES．TAKING法」

有很多業務員到了交涉對象那裡後，不曉得該說些什麼才好。即使顧客敞開了心胸，只要沒能讓話題順利進行下去的話，那麼對話就無法成立。我以前也有過「該怎麼辦才好？難道沒有好方法可用嗎？」的煩惱時期。不過，在我學會了「YES．TAKING法」之後，這些煩惱就全都消失了。

「YES．TAKING法」指的是，詢問對方很明顯會回答出「YES」的問題的技巧。

假設我們現在去高樓大廈的辦公室拜訪客戶。這種時候，無意義地讚美對方，或者硬要和他閒話家常都是沒有必要的。看到那樣的環境之後，立刻試著提出以下的詢問如何？

「視野真是棒啊！台場是在那一帶吧？」

對方大概會回答你：「嗯！是啊。」

就像這樣不斷重複詢問讓對方回答「YES」的問題，如此一來，從一開頭便能讓交談順利進行。

YES．TAKING法的重點是，問出對方很明顯會回答「YES」的

YES · TAKING 法

問出對方會回答「YES」的問題

不知道該說什麼才好時

使用 YES · TAKING 法

只要重複不斷地問出讓顧客回答「YES」的問題，交談便能順利進行。

問題。

譬如說：

「今天是二月十三日嗎」、「嗯，是啊」、「明天是西洋情人節呢」、「是啊」、「最近都在討論人情巧克力之類的話題，山本先生您有什麼想法呢？」

要像這樣去串起對話。

拜訪顧客時，交談的最初階段也具有「暖身」的含意。這就是為什麼要在此時找出對方與自己的「共通點」，並且配合顧客步調的原因。

在這之中，像這樣使用YES．TAKING詢問法的話，與對方的溝通就會變得順利，從結果來看，談生意也就會容易許多。

另一種做法，則是沒太多時間做暖身時所用的方法。

在這種情況下，不要以閒聊或以見面寒喧等的方式作為YES．TAKING的話題，馬上就確認起上次交談的內容也是一招。

「記得上星期的討論，我們說好交貨時間是三月二十五日對吧」、「對啊」、「所以這次已經把詳細的估價做好了。」

像這樣的方式，也可以瞬間就順利切入與生意有關的正題。

使用 YES · TAKING 法的交談範例

透過 YES · TAKING 法找出和顧客的共通點，配合顧客的步調進行交談。

③「人的詢問」、「現況詢問」、「問題詢問」

想要傾聽，就必須讓對方說話；想要讓對方說話，就必須問出對方能暢談的問題。總之，詢問是讓對方說話的捷徑。大部分的人都是會回答問題的，就像之前說的，「優秀的業務員擅於傾聽」、「優秀的業務員擅於詢問」，所以對業務員來說，從顧客所說的話裡蒐集資訊是很重要的。

詢問可以分為以下三大類：

①人的詢問
②現況詢問
③問題詢問

詢問這些問題，不僅可以蒐集情報，同時也能建立良好人際關係。

①人的詢問

所謂人的詢問，是針對對方的性格或人格特徵進行詢問，用以了解其私人資訊，讓雙方的關係變得親暱。

「您住在哪裡呢？」
「您家裡有幾個人呢？」

「您看起來一絲不苟，我猜您是依計劃行動的類型是嗎？」

或者，把業務成交的關鍵人物——也就是購買決策者是誰這個問題，也放進人的詢問裡。

「所以說，只要獲得山田本部長的許可就可以了？」

「實際上是由您的太太作決定的囉？」

詢問的內容諸如此類。

即使是在嚴肅的詢問裡也一樣，只要使用人的詢問，就可以獲得資訊。此外，在閒聊的時候使用也很不錯。

②現況詢問

所謂的現況詢問，指的是用來了解對方的狀態、現況的詢問。

《孫子兵法》有一句話是這麼說的：「知己知彼，百戰百勝」。了解對方的狀況是業務的基礎，也是基本中的基本。

「您從事什麼工作呢？」

「您有幾台電腦呢？」

「貴公司的網站是怎麼運用的呢？」

這些就是現況詢問。

「負責管理的是哪一位呢？」這是交叉運用「人的詢問」與「現況詢問」的方式。

③問題詢問

問題詢問是用來問出顧客現狀的問題，或是對將來的希望。

「貴公司日後預定要如何活用網站首頁呢？」

像這樣去詢問對方的期望，或者是——

「這樣的預算範圍會有什麼問題嗎？」

「感覺三台個人用電腦好像太少了，真的不會有問題嗎？」

「您現在所使用的個人電腦，有沒有什麼不好用的地方？」

「您的意思是說，即使到現在都不能好好處理嗎？」

也可以像這樣直接觸碰對方的問題核心。

就讓我們靈活運用①人的詢問、②現況詢問、③問題詢問這些業務基礎問題，讓銷售話術的範圍更加寬廣吧！

只要根據時間場合臨機應變，巧妙運用這三種詢問技巧，就一定能引出顧客的話題。

「人的詢問」、「現況詢問」、「問題詢問」

人的詢問

關於對方的性格或人格特徵、
私生活方面的詢問

現況詢問

用來了解對方的狀態、現況的詢問

問題詢問

用來問出顧客目前問題或對未來期望的詢問

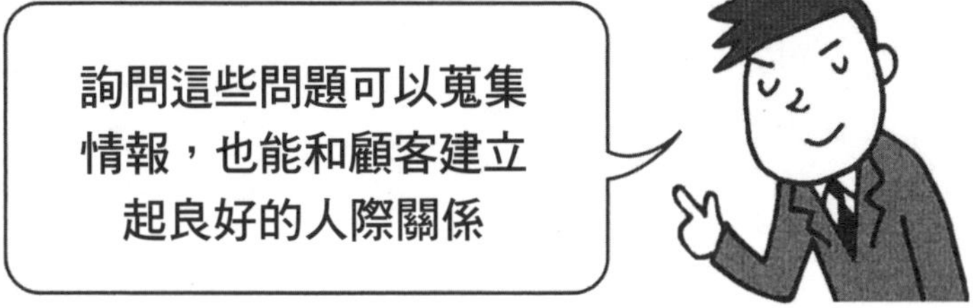
詢問這些問題可以蒐集
情報，也能和顧客建立
起良好的人際關係

4 「詢問技巧」之① 魔法詢問「如果……的話」

接下來，我要介紹與銷售更近一步的專業詢問技巧。這是我實際在使用上頗有成果的技巧。

與銷售有關的技巧之①魔法詢問「如果……的話」。這在英文裡被稱之為「ASK IF 詢問法」。

因為是以「如果……的話」詢問，對方的腦海裡很容易會浮現出具體想像。此外，因為正是「如果」的假定情況，顧客也比較容易回答。

「如果要參加研習的話，您的預算範圍大概是多少呢？」有時候我們也會直接這麼問。如果對方毫不猶豫地說出金額，只要我們提出相近的估價，簽成契約的可能性就變高了。

也就是說，以「如果」的形式詢問，就能獲得具體的資訊。

話雖如此，熟練的購買決策者，也可能讓我們提出多種估價，所以業務員必須要注意。

以「如果」的技巧去提出詳細估價之後，也可能演變成「既然你們可以這麼便宜，那我就多殺一點價」的情況，所以也必須要留意。

魔法詢問「如果……的話」

以「如果……的話」的形式去詢問

由於是「如果」的假設情況，
對方也比較容易回答

**藉由「如果」的形式去詢問，
就能獲取具體的資訊！**

5 「詢問技巧」之② 暗示解決型

暗示解決型是指，對方提出近乎抱怨的忠告或反駁意見時，我們要反過來運用那些意見，「提出解決的方案」。

縱使顧客很生氣，你也絕對不能膽怯，而是要透過顧客的抱怨去解決問題。例如：「你們公司的交貨日期總是很晚耶！」

這種時候，先以「我也認為這是很需要注意的地方」認同對方，之後再進行：「田中先生，如果交貨日期問題解決的話，應該就沒問題了吧？」的確認，然後就可以進入業務性對談了。

如果對方回答：「的確，只有交貨日期的問題要解決」，應該就可以進入成交階段。

相反的，如果對方回答：「應該不只是交貨日期的問題而已吧」，那麼我們就要繼續詢問：「其他方面還有什麼問題嗎？應該還是有解決的辦法吧？」就這樣繼續問下去。

藉由這樣的反覆詢問，例如「有購買決策權的人是誰」、「真正的問題是什麼」等等，可以讓我們確實了解對方是否真正的持反對意見。

暗示解決型

對方提出近乎抱怨的忠告或反駁意見時

我們要反過來利用那些意見提出解決方式

我訂的東西還沒有送來啊
真是非常抱歉！因為是超人氣的商品，所以我們好不容易才調到貨！
咦？是這樣嗎？

運用顧客的抱怨解決問題

⑥「詢問技巧」之③　舉出成功案例型

提出成功案例型，指的是舉出成功的第三者案例進而發問的方法。

以業務員來說，即使突然想開口反駁，如果說出口的話破壞了對方心情，也不是什麼好現象。在這種時候，舉出第三者的案例就不會傷害到自己，而且還能讓銷售話術繼續進行下去。

例如：「A公司的田中先生也跟您一樣曾說過很難，但是他現在已經變成我們的老客戶了」，或是「在文書處理方面，B公司的山田先生說過，用Word的個人作業系統就已經足夠了。」像這樣舉出第三者的例子之後，

「您認為呢？」

再加入上述的詢問，生意就可以順利地繼續談下去。

顧客經常對購買商品感到不安。在拿到商品之前，往往都有可能會出現「或許不要買比較好」的心情。

所以，明確將第三者所獲得的利益當成提示很重要。顧客知道不會有損失之後就會感到安心。只要消除對方的不安，銷售話術便能輕鬆進行。

舉出成功案例型

舉出成功的第三者案例
進而發問的方法

優點

舉出的是成功第三者的案例，所以

↓

不會傷害到自己，能讓
銷售話術繼續進行下去

7 「詢問技巧」之④ 強調利益型

強調利益型，就如字面上的意思，指的是強調顧客所能獲得利益的方法。

顧客最想知道的，就是買了商品後會有什麼好處？在做銷售時，我們就仔細留意這一點去進行銷售話術吧！

例如：「這台電腦重量只有一・五公斤。隨身攜帶時還是輕的機種比較好吧，您說是嗎？」

「這皮革部分讓人感覺很高級。既然要帶在身上，當然要帶有高級感的記事本比較好囉，不是嗎？」

「經濟實惠難道不重要嗎？選擇這種類型的話，一天只要投資一百二十元就可以了。」

就跟上述問句一樣，藉由反覆詢問，充分強調出經濟實惠以及顧客的利益，便能讓銷售話術的效果更強。

顧客會一邊思考自己的利益，一邊煩惱著該不該買下商品，這一點絕對不能忘記。

強調利益型

強調顧客的利益

效果

反覆詢問充分強調了經濟實惠、
顧客利益的問題，所以

銷售話術的效果變得更強

顧客會一邊思考自己的利益，一邊煩惱著該不該買下商品。

⑧「詢問技巧」之⑤ 不答反問型

不答反問型，指的是以問題回答問題的意思。

實際上，我也運用這種方式獲得了豐碩的成果。

例如在電話裡被問到：「貴公司舉辦的主要是哪個階層的提案研習會呢？」此時就可以反問對方：

「冒昧請問一下，您希望替哪個階層舉辦呢？」

如此一來就可獲得「是新進員工」之類的資訊。於是便可回答：「如果是這樣的話，我們有很適合您的方案。下午就過去向您說明如何？」銷售話術就能持續進行。

假如聽到「貴公司主要是舉辦哪個階層的提案研習呢？」的問題後，直接了當地答出「是管理階層」的話，對方可能就會回答：「我們想辦的是新進員工部分，所以不太適合」。如此一來，銷售在這個時間點便宣告結束。

所以說，透過以問題回答問題的方式，可以讓銷售行為繼續進行。因此對於顧客的詢問，業務員也試著以反問的方式回答吧。

不答反問型

以問題回答問題的方法

優點

因為是以問題回答問題

↓

銷售行為能繼續進行下去

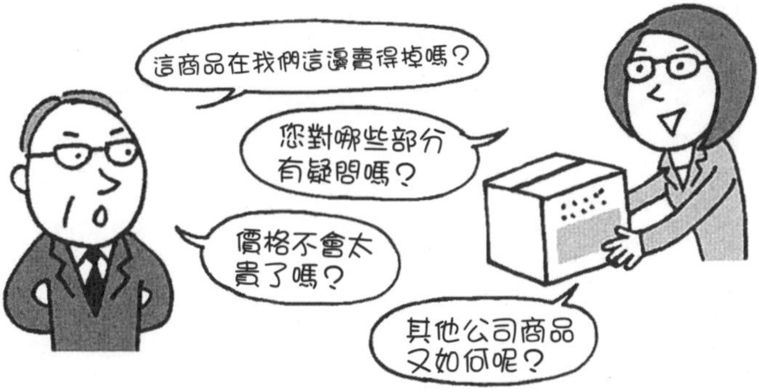

這商品在我們這邊賣得掉嗎？
您對哪些部分有疑問嗎？
價格不會太貴了嗎？
其他公司商品又如何呢？

只要使用不答反問型的方法，就能了解顧客的需求！

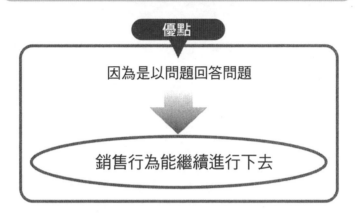

第 5 章

提高銷售量的「終極展示」技巧

1 為了順利進行展示而做的準備

透過第二章的說話技巧與第四章的詢問技巧，了解顧客需求及顧客相關資訊之後，我們就要進入展示（商品說明）的階段。

即使與顧客之間建立起良好的人際關係，銷售話術要是不具說服力，顧客還是無法接受。

所謂的展示，指的是把自己對商品的相關想法傳達出去。在進行商品說明時，如果無法確實把商品優點傳達給顧客知道，那麼就沒有意義了。展示不僅是自己單方面在傳達資訊，還必須仔細確認對方的反應。

首先最重要的，就是要先準備好如同下一頁的重點表格。這是一種簡單而有效的方法。

不論對方是一個人，或者很多人，總之當你要和某人見面交談時，事先要把自己認為的重點寫下來。在透過電話進行銷售話術時，這種重點表格也是不可或缺的。

無論在什麼樣的場合，展示都是很重要的。讓我們先確實準備好吧！

所謂的重點表格是指？

商品＿＿＿＿＿＿＿＿＿＿

商品的特徵	顧客認為的優點
1.	1.
2.	2.
3.	3.
4.	4.
5.	5.
6.	6.
7.	7.

事先把自己認為的重點寫下來

②強調顧客利益的「說服話術」

在銷售話術當中，最有效的方法是何種話術呢？
那就是把焦點聚集在「對方利益」上的話術。
如果顧客是老人家或者對商品沒有任何知識，即使你對他說：「節溫器變成這樣之後，熱效能或者燃料費都……」之類的話，大概也會失敗吧！

老人家想知道的優點是暖氣機「真的可以讓自己覺得暖和嗎？」此時你要配合這一點來進行銷售話術。

你是否認為銷售話術就是把商品特色羅列在一起呢？

舉例來說，我們在賣百科全書時，你認為以下的銷售話術如何呢？

「封面是皮革製的，內頁有一千五百張插圖和照片，內文是動員各界著名的三百位學者編輯而成，您認為如何？」

聽到這樣的話術，顧客一定會說「NO」。原因在於，這段敘述只提到商品的特色與優點而已。所以，在這種場合，你應該說：「我記得您的小孩是小學生。這對他日後的教育與成長一定會有所幫助的！」要像這樣，強調對顧客有什麼利益。再怎麼說，應該強調的重點都是顧客的利益，請不要忘了這一點。

強調顧客的利益

把焦點聚集在「顧客利益」上的話術

重點

不要敘述商品本身的特色、
利益，應該說的是顧客的利益

強調顧客的利益

3 使用橋樑式詞彙的「說服話術」

在銷售話術當中，將商品優點作為特徵說明完之後，請試著再加一句話看看。

以前面的例子來說，不要只說完「是皮革製的」就結束了，而是要用「是皮革製的，所以感覺起來很高級」之類的句子延續下去。

「所以」這個詞，能把商品特色與顧客利益連結在一起。這種連接詞被稱為BRIDGE WORD，也就是「橋樑式詞彙」。

「所以」、「提到這個，是因為」、「因此」、「意思是說」──把這些詞彙當成連接詞使用，讓銷售話術得以順利進行。

「這張椅子是鋼製的，所以堅固又耐用。」

「這張椅子附有三公分的軟墊，這是因為它的設計目的是在於讓我們感到舒適不疲憊，進而提升工作效率。」

「這張椅子是布椅，因此和任何的室內裝潢都很搭，讓人感覺是高級的家具。」

「這張椅子是折疊式的，所以收納起來很便利。」

就像這些例子一樣，使用「橋樑式詞彙」來進行強調優點的話術吧！

橋樑式詞彙

「所以」
「提到這個，是因為」
「因此」
「意思是說」
等等

〈例句〉

「這張椅子是鋼製的，所以堅固又耐用。」

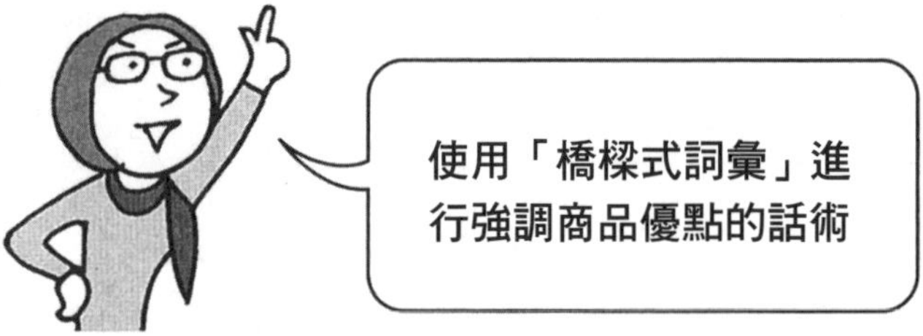

④ 以九種證據進行強調顧客利益的話術

要進行強力的銷售話術時，必須準備好可獲得信賴的證據。

為了出示證據，我們必須經常帶著以下的東西，準備展示給顧客看。

1與商品、服務相關的東西　2正確的東西　3具體的東西　4簡單易懂的東西

以下我將整理出九種證據，請各位參考一下。

證據① 第三者的實證

「○○大學教授的推薦」、「牙醫師公會認證的牙刷」等等，都是可以成為輔助銷售話術的強力證言。因為他們是無直接利害關係的第三者，而且一般人對於權威人士所說的話很沒有抵抗力。

如果以第三者嘗試之後覺得很好的「證言」、「書信」，甚至推薦函之類的形式呈現商品優點，應該可以成為你說話的強力支援。

請經常準備好對商品感到滿意的顧客的證言、推薦函、感謝狀等物品。

證據② 展示品

有一句話說：「眼見為憑」。你邊說：「請看這篇報導」，邊把刊載了公司評價的報紙給對方看。透過那些「眼睛看得見」的報導、照

片等，你在和顧客應對時，信用度應該也會隨之提高。

將數字圖表化、把個人電腦帶去，讓對方看見你的資訊吧！同時把實物帶去展示，不但可以用手觸摸，也能讓顧客實際體驗商品。

證據③ 實例

你隨身攜帶著使用者的名單嗎？雖然依據情況的不同，我們可能無法直接當場秀給顧客看。可是，當顧客問你：「其他還有誰也使用了嗎？」時，名單就會成為龐大的力量。顧客看到列著一流公司的名單後，就會願意信任我方公司及提案了。換句話說，只要在進行銷售話術時舉出實例，就能夠增加說服力。

證據④ 照片

照片也是重要的證據之一。用數位相機拍下相關照片，就能用筆電秀給對方看了。

化妝品或流行時尚公司之所以會讓模特兒穿上美麗的衣服，就是希望藉由照片強調那些使用了產品的女性。最近流行使用筆電播放影片的展示方法，所以一邊秀影片給對方看也是一種利器。

證據⑤ 插圖

有時把機械內部構造等細部拍成照片，反而會變得很難懂。這時，若換成單純的插圖、圖解的話，就能以簡單易懂的方式呈現出來。

即使是在銷售話術之中，很難用話語解釋的產品也一樣，只要透過插圖或圖解說明，就能簡單地展示出來。

證據⑥　雜誌報導

一旦把資料做成專業雜誌或者印刷品的形式，人們就會覺得可以信賴。

若有符合自己銷售內容的雜誌報導，不妨收集起來把它拿給對方看。

證據⑦　保證書

除了口頭上的說明，如果有保證書，也請先把它準備好，以便能夠隨時拿給顧客看。顧客看到保證書之後，就會感到安心，就容易銷售商品。

證據⑧　數字

不只是業務，凡是具有說服力的人，說話時一定會加入數字。

不要光會說「很多」、「很厲害」，適時用數字說明是不變的鐵則。不過也不要用得太多，要先將數字圖表化，再拿出來「展示」。

證據⑨　與其他公司、其他製品作比較

有一句銷售格言是這麼說的：「商品要進行比較」。

所謂的商品，正是藉由比較，始能表現出其價值。所以，不僅是自己公司，業務員也不可忽略平時要多研究其他公司產品。

九種證據

1. 第三者的實證
2. 展示品
3. 實例
4. 照片
5. 插圖
6. 雜誌報導
7. 保證書
8. 數字
9. 與其他公司、其他製品作比較

為了使銷售話術變得更有力，
要準備能取得信用的證據

⑤ 以訴諸「視覺」的展示，提高說服力

在前一個項目，我說明了讓顧客看到證據，可以讓銷售話術具有說服力。在這個部分，我則要說明訴諸「視覺」的重要性，以及「展示時的注意要點」。

假設在進行某商品的展示時，你只用嘴巴做各種說明。在這種情況下，當你單方面在說話時，客戶的心思早就不曉得飄到哪裡去了。他心裡可能正在思考著「今天的晚餐該吃什麼好呢」？

為了防止這種情形發生，我們要說：「〇〇先生，請您稍微看一下這個」，然後在說話的同時，把商品照片或銷量圖表秀給對方看。如此一來，你就能把對方的注意力吸引過來。至於要秀給客戶看的東西，可以選擇前一個項目所介紹過的那些證據。

其實，人類藉由五感所蒐集而來的情報裡，有83％都是透過視覺而來。也就是說，我們人類大部分的情報都是從眼睛得來的。所以就算是在做銷售，也必須要訴諸眼睛。

根據美國明尼蘇達大學的一項調查結果顯示，「如果一邊展示物品一邊說話，說服力會提高43％。」

訴諸視覺

展示的優點

在進行銷售話術時，秀出商品照片或銷售量圖表。

可以吸引顧客的注意力

請您看一下這邊

如果一邊展示物品一邊說話，說服力會提高 43％。

⑥ 具有「說服力」的說話流程——「銷售漢堡」

我想，應該有很多業務員，滿腔熱血地向顧客展示商品，卻還是很難簽約成交。要解決這個煩惱很簡單，只要說話時具有說服力即可。

如前所述，我們必須依商品特色、橋樑式詞彙、顧客的利益、證據等的順序來說話，若再加上「證據」，就會更有說服力。

而且為了讓「不斷重複的效果」提高，在提出「利益詢問」之後，要加上確認可否的談話。「不斷重複重要之處」是銷售時的鐵則。所謂「重要之處」，指的就是顧客的利益。總而言之，顧客就是想知道商品的優點，換句話說就是自己可以獲得的利益。

我試著以椅子為例來整理銷售時說話的流程：

1. 商品特色

「這張椅子是鋼製的」

2. 橋樑式詞彙

「所以」

3. 顧客的利益

「既堅固又耐用，很經濟實惠。」

銷售時說話的流程

1 商品特徵

「這張椅子是鋼製的」

2 橋樑式詞彙

「所以」

3 顧客的利益

「既堅固又耐用，很經濟實惠」

4 證據

「請看一下這張照片」

5 利益詢問

「您難道不覺得，果然還是要選擇堅固耐用、經濟實惠的比較好嗎？」

4. 證據

「請看一下這張照片。」

5. 利益詢問

「您難道不覺得，果然還是要選擇堅固耐用、經濟實惠的比較好嗎？」

就像這樣，以商品特色、橋樑式詞彙、顧客的利益、證據、利益詢問的流程進行銷售吧。

我將這分為五個階段的銷售話術流程，命名為「銷售漢堡」。使用「銷售漢堡」的記法，可以很容易記住先前說明的銷售話術五階段。

請你像下頁一樣，試著想像出一個漢堡。最底層是麵包，接著是被夾在中間的生菜與肉，它們的上面是麵包，最上面則插著一根牙籤。記法則是由下往上：①特色——麵包，②橋樑——生菜，③利益——肉，④證據——麵包，⑤利益詢問——牙籤，試著使用這種方式記起來。

牙籤尖端刺進了利益，也就是肉的部分，代表要不斷提起顧客的利益。

銷售漢堡

記住銷售話術的五個階段吧！

第 6 章

危機就是轉機！珍藏的「反駁應對法」

1 即使遭到拒絕也不要介意

從人類的行為模式來看，顧客會說「NO」也是理所當然的。因為人往往會以否定的方式思考事物。所以，即使遭到拒絕也不要在意。既然人很多時候都會出現「NO」的反應，那麼，不妨把銷售當成是聽到「NO」之後才開始的。

因此，對業務員來說，最重要的是，在受到顧客反對的時候，該以怎樣的話術應對。而且要知道，銷售往往是伴隨著顧客的反對。

在本章我將介紹用來應對顧客的「NO」的話術技巧。

在行銷業務上，以下被稱為三大反駁的三句話。你應該曾經被說過無數次的經驗才對。

1. 我沒錢（太貴）
2. 我沒有需要
3. 我不喜歡這個商品

美國保險業界的超級業務員，晚年在從事業務員教育上也很有名的法蘭克・貝特格，曾經說過一句話。貝特格詳盡紀錄自己的銷售次數，研究最初被拒絕後，是否能在第二次、第三次與顧客接觸後順利把商品賣出；他可說是「科學式銷售的開山始祖」。

而他所說的那句話就是：

「顧客的拒絕有62％是假性拒絕，真正的拒絕並沒有超過38％。」

假設在販售以兒童為使用對象的商品時，聽到「我家沒有小孩喔」這種答案，就是真正的拒絕，但這種情況並不是那麼多。

即使聽到對方說「NO」，你也沒必要立刻回答：「好，我知道了」就直接放棄離開。

最好的做法是預先製作針對反駁的假想問題集，練習到讓自己聽到反駁就能立刻回答的程度。製作假想問題集，並且加以練習，就能夠讓你擁有自信，安心地進行銷售話術。

而且，我們還可以搶先一步，在顧客提出反駁或拒絕之前，自己先進行說明。

「乍聽之下，您或許會覺得價格有點貴。其實貴是有理由的，那是因為……」

「或許，您可能會覺得自己不需要吧。其實B公司的A先生也這麼說過，但他後來改變心意買了，原因在於……」

以上述的方式，就能在銷售話術裡，預先準備針對詢問所要做出的回答。人類對於事物大多採取否定式的思考。當業務員沒有主動聯絡時，相較於「事情大概進展得很順利」，恐怕有更多的人會認為「難道發生了什麼事嗎」。

我曾經在假日的時候對妻子說過：「我們去泡溫泉吧」。不過，她先說出口的不是「好啊，很棒耶」，而是「現在還這麼熱，泡溫泉也太……」，這種「ＮＯ」的回答。

女兒只要晚一點回家，心裡就會感到不安而不禁往壞處想：「她是發生什麼事了嗎？」的父母，應該還是比較多吧。等到女兒回家之後，或許還會責罵她：「妳也太晚回家了吧！」

所以說，人出現「ＮＯ」的負面反應是理所當然的。這是人類的心理，是無可奈何之事。

倒不如把拒絕的語句當成「招呼語」，使用克服反駁的技巧加以突破。

總之，即使被對方說了「ＮＯ」，也不要介意。

對顧客說「NO」做好準備

1 製作針對反駁的假想問題集

2 搶先一步，在對方反駁或拒絕之前，自己先進行說明。

②遇到反駁就使用「緩衝話術」

面對顧客的反駁，最好的處理方式是什麼呢？

那就是不要再去反駁對方的意見，而是要認同他的觀點。面對顧客的反駁，最佳的應對方式就是贊同對方。表現出「您的看法是『對的』」的態度，必須讓顧客覺得他受到尊重。

「喂，你們的商品太貴了吧」，對方都已經這麼說了，如果你還回答：「沒這回事」，因為顧客也是有感情的，所以肯定不會有好結果出現。與對方爭論是沒辦法把業務做好的。

「是啊，我也這麼覺得，確實比以往的商品貴了一成以上。其實變貴是因為品質更好了，耐用度比以前高出兩倍以上，所以反而更划算喔！」像這樣訴諸經濟實惠的話，一定比爭辯更能讓對方接受。如果是顏色的問題又該怎麼辦呢？

當對方說了：「這種顏色真的很誇張耶！」時，你要怎麼回答呢？自不待言的，你不能說出：「才沒這回事，這種顏色很樸素啊！」之類的反駁。

首先從同意對方的觀點開始，然後再進行銷售話術。

「是啊，我原先也是這麼想，您眼光真是敏銳！其實目的是希望它在黑夜也

緩衝話術指的是？

認同、同意顧客反駁的話術

**面對顧客的反駁，最佳的應對方式
就是去贊同對方**

能清楚辨識，所以才刻意選擇亮眼的顏色，因為有很多人都是在夜晚使用的。」

像這樣全部都以肯定的態度回應。

我建議業務員以「緩衝話術」作為銷售話術，也就是認同、同意對方的反駁。舉例來說，把杯子從二樓往外丟的話，杯子肯定會破掉。不過，底下若是鋪上緩衝墊的話，它就不會破掉。

「緩衝話術」也是一樣，它是要讓我們接住「反駁」這個杯子。

接下來，我會列舉七句緩衝話術。請仔細把它們記下，在實際上遭到對方反駁時，可以試著使用看看。

1. 原來如此，您的意見真是犀利！
2. 一開始的時候，大家都是這麼說的！
3. 我覺得，那個部分果然是重要的關鍵沒錯！
4. 真的是那樣子耶！
5. 您會這麼想也是很正常的。
6. 是啊，我也有相同的看法！
7. 果然，那部分是重要的關鍵呢！

總之，請使用「緩衝話術」應對顧客的反駁吧！

七句緩衝話術

1. 原來如此，您的意見真是犀利！
2. 一開始的時候，大家都是這麼說的！
3. 我覺得，那個部分果然是重要的關鍵沒錯！
4. 真的是那樣子耶！
5. 您會這麼想也是很正常的。
6. 是啊，我也有相同的看法！
7. 果然，那部分是重要的關鍵呢！

③ 引出顧客內心真正想法的確認詢問

業務員必須要了解顧客內心的真正想法。

所謂內心的真正想法，例如顧客心裡可能是想：「我不想說我沒錢耶。好吧，就假裝我不喜歡顏色好了」之類。

在這種情況下，即使使用「顏色」好在哪裡的銷售話術，對方大概也不會想買吧！

當對方提出反對意見時，記得要思考：「似乎有哪裡不對」、「是真的嗎」。若想探究對方內心真正想法時，可以使用一個很有效的銷售話術。

我覺得最好的方法是使用「如果……」的句型進行確認詢問。

例如顧客以「交貨期太晚了，我不能選你們公司」作出反駁。

當下，我們當然不能否定對方說「沒這回事」，而是要設法先緩和下來。此時可以試著說：「曾經有顧客這麼反應，二十天或許真的長了一點。但是，如果我們能解決交貨期的問題，您是否就願意購買了呢？」

就像這樣，用「如果……」的句型進行確認詢問，銷售話術就能夠順利進行。

如果問題真的是在交貨期，應該能得到對方：「是啊，可以解決這個問題

確認詢問

使用「如果……」或「其他方面」發問，以便確認顧客意見的銷售話術

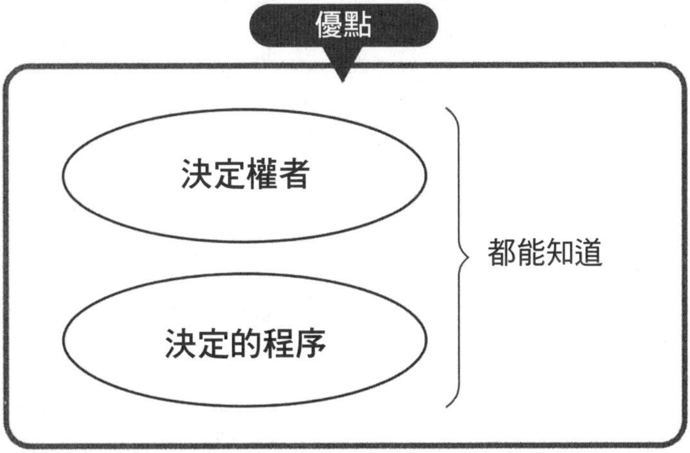

遇到真正的問題、真正的反駁時，透過「如果……」句型進行詢問就有克服的可能。

的話就買！」這種「YES」式的回答。

之後只要進入成交階段就可以了。

遇到真正的問題、真正的反駁時，透過這種「如果……」句型進行詢問就有克服的可能。

當那不是對方內心真正的想法時，我們也可能得到像下面那樣藉口式的回答。

「那麼，如果解決了交貨期的問題的話，您是否就願意購買呢？」

「呃，這個嘛，問題不只在交貨期啦……」等等。

如果是這種情況，可能表示他還有其他真正的想法。

此時就要使用「其他方面」的詢問。

「聽您這麼說，其他方面還有任何問題嗎？」

不妨試著這樣問看看，或許可以得到以下的回答。

「嗯，不只是交貨期而已，我自己一個人是沒辦法下決定的。」

因此，我們就了解到：「這個人沒有最後決定權」。

或許是他的上司在會議裡會決定是否購買，所以接下來應該要去蒐集「決定程序如何」、「真正有決策權的人是誰」的資訊。

使用「如果……」、「其他方面」的詢問方式，將會讓銷售話術的效果提高。

確認詢問的對話範例

交貨期太晚了，所以我不能選你們公司。
曾經也有顧客這麼反應。二十天或許真的長了一點。但是，如果我們能解決這個交貨期的問題，您是否就願意購買了呢？

使用「如果……」、「其他方面」的詢問方式，將會讓銷售話術的效果提高。

④ 以第三者的意見進行銷售話術

以緩衝話術接受顧客的反駁之後，在銷售話術之中加入「進展順利的案例」以及「成功案例」，可以提高對顧客的說服力。

「有點貴耶」、「原來如此，這個部分是重點吧！其實山田貿易公司也說過同樣的話，但他們現在已經買了三十套了，理由是……」這就是先使用緩衝話術接話，然後再舉成功案例的話術。

此外，在回覆反對意見的方法之中，有一種做法是「舉第三者為例」。尤其是與顧客的意見相左時，舉第三者為例，就不會傷害到對方，銷售話術就能順利進行。

「買一台桌上型電腦不就夠了嗎？」

「山本貿易公司似乎是決定一人買一台筆記型電腦，那是他們在考慮過要不要選擇桌上型電腦之後才做出的決定，您認為如何呢？」

有時業務員的意見會讓氣氛緊繃，如果改以第三者的意見進行銷售話術會比較有效。即使顧客對那個意見提出反駁，也變成在反駁第三者的意見，所以生意還是可以順利地談下去。

以第三者的意見進行銷售話術

在銷售話術之中，加入「進展順利的案例」、「成功案例」，可以提高對顧客的說服力。

優點

與顧客的意見相左時，這麼做不會傷害到對方，銷售話術也能順利進行。

在說出你自己的意見會讓氣氛緊繃時，這種方法很有效果。

⑤ 看穿六種反駁進行銷售話術

即使我們一再強調人類的行為模式會先說「NO」，事實上也有完全沒發展性的「NO」存在。如果看不穿的話，就會把時間浪費在沒有發展性的顧客身上。對業務員來說，應該沒有人希望浪費珍貴的時間，結果卻讓可以談成的契約談不成。

因此，首先必須學會徹底看穿對方反駁的話術技巧。為了日後的銷售，讓我們學會一眼就能看穿顧客是否具有發展性的方法吧！

我把反駁區分為以下六種。

①毫無根據的反對
②膚淺的反對
③掩飾性的反對
④沒有期待的反對
⑤用來拖延時間的反對
⑥純粹的反對

除了④與⑥之外，就試著用本章所介紹的談話技巧去應對反駁吧！

如前所述，「NO」有六種類型。記住這六種類型之後，視情況看穿是哪一種反駁，再來進行銷售話術。

①毫無根據的反對

這種反對大部分是源自誤解、想找麻煩的情況。「你們公司過不久就要倒閉了，所以我不會買的。」你聽到這種話時必須立刻否定，直截了當地回答：「沒這回事」後，就要展露身為業務員的自信，進行銷售話術。

②膚淺的反對

這種情況多是出現在對方對商品完全不了解時。

「我朋友說，P公司的製品很容易壞掉。」

「之前的確是有這種報導……」

你要一邊尊重顧客的自尊心，一邊說明正確的知識來進行銷售話術。

③掩飾性的反對

這是因為顧客不想讓人知道自己沒錢，所以就批評設計很差。

當你遇到這種情況，就用前面教的「如果」的確認詢問與「在其他方面上」的詢問應對。

④沒有期待的反對

請你試著想像對「我們家沒有人有駕照」的人賣車。

遇到這種情況時，銷售話術不要繼續進行，而是要詢問他是否要找其他的東西，並且請人替他介紹。此外，已經知道對方「不會買」時，也要以誠懇的態度去接待。畢竟你代表著公司的形象。

⑤用來拖延時間的反對

當顧客在猶豫著下不了決定時，就會出現用來拖延時間的反對。

此時請試著探詢對方的真正想法，反覆說明直到對方安心為止。唯有毅力、熱誠才會為你開出一條路。

⑥純粹的反對

當顧客真的沒有預算時，就會說：「我的預算只有這些」，或者是儘管我們銷售的是風琴，對方卻說：「我想買的是鋼琴」，當你遇到這些情況，請當作是不帶有其他想法的純粹反對。徹底看穿「ＮＯ」之後，就能在一開始就判斷出對方的反駁是可以克服的，或者是無法克服的。

因為只要能在最初就看穿對方的真實情況，便能立刻採取下一步的行動。

顧客的六種「NO」

1. 毫無根據的反對
2. 膚淺的反對
3. 掩飾性的反對
4. 沒有期待的反對
5. 用來拖延時間的反對
6. 純粹的反對

看不穿完全不具發展性的「NO」，
就會浪費寶貴的時間。

6 回應反駁的四個時機

何時回應反駁比較好呢？要是弄錯了回應反駁的時機，銷售話術的進展就會不順利。

回應反駁的時機有以下四個。

①事前回應

事前回應是最好的方法。

搶先一步回應反駁。顧客所提出的反駁大致上都可以想像得到。事前製作、準備好假想問題集，就可以完全掌控住自己所預期的反對意見。

例如你預期顧客會反駁說「尺寸太大了」，你就可以事先說明：「〇〇先生，請容我對尺寸的部分做一下說明。這個產品比一般產品要稍微大一點，原因在於……」。像這樣事前先做說明再開始進行銷售話術，就不必擔心之後又出現反對的聲音。

②出現反駁時就回應

談生意的時候顧客一旦反駁，就要立刻回應，一般來說，這種情況是最常發生的。

回應反駁的四個時機

❶ 事前回應
搶先一步回應反駁
事前說明之後再開始進行銷售話術

❷ 出現反駁時就回應
談生意時出現反駁就立刻回應

當對方說出：「我知道很不錯，可是目前並沒有需要。」時，先以緩衝話術回答：「是的，大家一開始都會那麼說」，然後說明為什麼現在買會很划算即可。

③日後回應

當你不知道答案、需要資料或數據時，就等日後再回應吧！絕對不能隨便說個臨時想到的答案來敷衍逃避顧客的問題。

「關於這個部分，由於我手邊現在沒有資料，等我回公司後再以電子郵件寄給您。」只要先這麼回答即可。

④不回應

顧客不一定會認真聽你說話，儘管你已經說明過一次，他們卻還是可能反覆問起同樣的事。

不論你說明多久，對方卻一再說出：「你們交貨期太晚了，不行！」時，你可以明確地回答：「關於這個部分，正如我多次說明中提到的，完全不需擔心。」因為我們已經做過很多次保證了，對方仍舊反駁，很可能只是臨時想到的而已。

就像這樣，在以上的四個時機回應顧客的反駁，然後順暢地進行銷售話術吧！

回應反駁的四個時機

❸ 日後回應

不知道答案、需要資料或數據時，
就等日後再回應

❹ 不回應

儘管已經說明過一次，對方卻還是反
覆問起同樣的事時，就明確地回答：
「沒有問題！」

7 對付反駁的終極銷售話術——「READY法」

為了回應顧客的反駁，光開口詢問對方當然不夠，還必須採取確實的應對方式。

接下來，我將作為反駁顧客的銷售話術加以整理，以方便記憶的「READY法」來為各位介紹。

R＝回歸法（Return）
E＝說明法（Explain）
A＝承認法（Admit）
D＝否定法（Denial）
Y＝詢問法（ask whY）

R＝回歸法（Return）

又名迴力鏢法。指的是直接把對方的反駁作為銷售上強調的重點再丟回去給對方。換句話說，將對方的反對觀點變成「應該購買的理由」。

當你聽到對方說：「你們的價格比其他公司貴了一成」，你可以這麼應對：「正因為價格貴了一成，我才會建議您購買。即使買的時候貴了一點，實際上卻比其他公司的商品划算多了」。

E＝說明法（Explain）

所謂的E＝說明法，是EXPLAIN的縮寫。這是基本中的基本，可說是業務員一定要學會的話術。

如果你聽到對方說：「感覺有點不好用耶」，這可能表示顧客希望能多聽一些關於使用方法的說明，也可能表示你的說明不夠充分。

「那麼，請容我再為您說明一次。其實，比起其他公司，這個商品的使用方法做了大幅度的改善，因為這是很好用的商品，所以非常受歡迎喔！」你一定要花時間做詳盡仔細的說明。

A＝承認法（Admit）

A＝承認法，是取ADMIT的第一個字母而來。總之就是要認同對方的所有主張，然後再以此為基礎，強調其他優點的銷售話術。

如果你聽到對方說：「尺寸太大了啦」，那麼你就回答：「是的，正如您所說，這商品的尺寸是比其他公司的商品大得多。其實從性能上來看，這部分就成了重點……」。

或者是去強調被反駁的價格、條件、服務之外的優點。

D＝否定法（Denial）

D＝DENIAL（否定）的D。對於對方的明顯錯誤、誤解，必須乾脆地加以否定比較好。

當你聽到對方說出：「反正現在我買了，你們下個月還是會推出新產品吧？」這類顯然不是事實的話時，你必須加以否定地回答「完全沒這回事」，反而能增加你的信用度。

當然啦，如果把話說得太直接，會讓對方有情緒，所以說話的方式一定要謹慎。

Y＝詢問法（ask whY）

Y是ASK WHY的Y。請把這當成是我們前述說明過的詢問法之一。

具體來說，就是「用問題回答問題」的意思。

「尺寸好大啊」、「那麼，您覺得什麼尺寸比較適合呢？」

像這樣理解對方內心真正的想法並直接把問題丟回去。

換句話說，不直接給予回應，但是卻提出更深入核心的詢問，這就是Y的ASK WHY詢問法。

READY 法

R ＝ 回歸法（Return）

E ＝ 說明法（Explain）

A ＝ 承認法（Admit）

D ＝ 否定法（Denial）

Y ＝ 詢問法（ask whY）

牢牢記住READY法之後，使用這個方式來回應顧客的反駁。

第 7 章

讓顧客產生購買意願的「成交」技巧

1 確認顧客購買意願的「嘗試成交」(trail close)

業務員的目標就是要簽訂契約。在此我要介紹的，就是確認顧客有沒有購買意願的方法。

使用銷售話術時，要是不看準時機切入最後的成交階段，就算耗費再多時間也無法簽約。

例如顧客的購買意願很高，已經開口問你：「交貨期是什麼時候呢」、「售後服務呢？」像這樣只要再推一把，對方就會下決定的時候，卻經常會有業務員沒有把握時機而改變話題。

在這個時候，我們應該要果斷地嘗試（測試）成交才對。所謂的嘗試成交，可以按照下面的步驟進行：

一般詢問
↓
重點詢問
↓
魔法詢問

對方的購買意願究竟有多高，只要試著詢問看看就能知道了。以簡單的問題詢問即可。

「您覺得如何？聽完我的說明，您能接受嗎？」

只要採取一般詢問的方式即可。

「您覺得呢？」

「您覺得如何？」

用這種內容很短、只是問問看而已的問題也可以。試著在說明完之後詢問看看吧！如此一來，一定有顧客會說出：「不錯啊！」或「好，那我就試試看！」等肯定性的回答。在這種時候，不要再等下去，要當成是取得訂單的好時機。這可是簽訂契約的大好良機。

但是，有時候你也會得到不太明確的回答，或是完全得不到答案。在這種時候，相較於「您覺得如何？」這種一般式的詢問法，你必須試著採取進一步的詢問方式才行。例如採取以下的問法：

「怎麼樣，您喜歡這種顏色嗎？」

「您對設計方面覺得滿意嗎？」

「您已經了解操作方式了嗎？」

試著提出「顏色」、「設計」、「操作方式」此類把問題集中在重點上的具體詢問。

在大多數的情況下，靠這兩種問法就能了解對方的購買意願。但是，如果對方的態度依舊曖昧不明的話，為了找出顧客的需求、了解顧客的購買意願究竟有多高，不妨試著採取「ASK IF」，也就是「如果……」的詢問方式吧！

採取「如果……」的詢問方式，嘗試成交會顯得更具體化。這種詢問法可以獲得很好的效果。

「如果您願意採用這個方案的話，大概會在什麼時候？有多少位要參加呢？」

「如果您決定要買的話，覺得哪一種顏色比較好呢？」

如果採取這種「假設性」的詢問，顧客也會覺得容易回答，所以就會輕鬆地回答我們。

「這個嘛，可能是秋季吧！」

「大概會有二十五至二十六個人。」

「如果要買的話，當然還是紅色比較好！」

諸如此類的具體答案就會被引出來。請試著進行具有效果性的嘗試成交，然後簽約吧！

嘗試成交的步驟

一般詢問

「您覺得如何？聽完我的說明，
您能接受嗎？」

重點詢問

「您已經了解操作方式了嗎？」

魔法詢問

「如果您願意採用的話，大概會在什麼時候呢？」

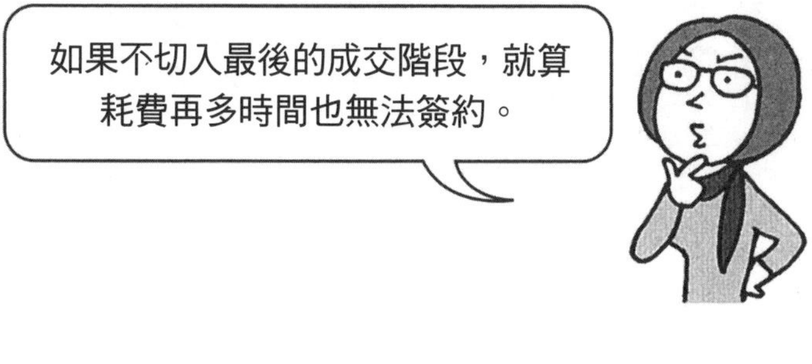
如果不切入最後的成交階段，就算
耗費再多時間也無法簽約。

② 活用「損益平衡」話術切入最後成交階段

正如我們在本書第32頁裡所說明的，在人的三大心理當中，有一種心理是「人往往會採取否定式思考」。尤其是在打算購買高價商品時，這種傾向就會與「沒問題嗎」、「這樣真的好嗎」的心態重疊。即使只是一點點損失，顧客也完全不想吃虧。

購買數百萬的進口轎車時，應該不會有人立刻下決定吧！「挑這輛車真的好嗎」、「選這種車型沒問題吧」、「付款的方式妥當嗎」大概都會像這樣嘗試進行各種確認才對。

此時，讓我們利用顧客的「疑慮」吧！只要能成功消除顧客的疑慮，就能離簽約更近一步。

請你這麼思考：不論如何，顧客到最後都會有「或許不買會比較好」、「或許還有其他更好的商品」、「買這個商品難道不會吃虧嗎」的疑慮。

如果完全忽略顧客的疑慮，那麼銷售是不會成功的。因此，我希望大家記住本書第一百七十三頁提到的——活用損益平衡的「損益平衡式成交法」。

一旦用了這個方法，業務員就不只是單方面地站在「賣東西」的立場上，而可以站在顧客的立場，共同解決他們疑慮的問題。只要你能站在顧客的立場，那就能找出解決的方法。

將顧客對於商品有疑慮的部分與顧客的利益，轉換成明確可見的型態後再加以比較，這是可以讓顧客了解商品實際優點的做法。這是將銷售品質與顧客訴求做成表格的作法。

當然，即使看著這張表，我們仍舊必須向顧客強調不論是質還是量，顧客可獲得的利益都遠高於他疑慮的部分。

如果你問我，為什麼損益平衡式成交法很有效？那是因為，顧客對業務員所說的話，大多抱持強烈懷疑。關於這一點，只要你自己是銷售者，應該就有很深的體會。

所以，我們才要反其道而行，先說「扣分部分」，然後再強調「加分部分」。

先跟顧客說扣分部分之後，再強調加分部分，反而更能增強你的說服力。假如你在事前被告知相親對象是完美無缺的，你反而會覺得很可疑吧！

配合扣分部分的顯現，加分部分將會更加被強調出來。

此外，業務員也能藉由談及「扣分部分」來向顧客表示自己很能理解顧客。

顧客會認為「這個業務員確實在替我著想」。另外也要多寫出一些對顧客有利之處，向他們強調「好處很多」。

當顧客覺得可以接受之後，他就會掏錢出來了。舉例來說，不妨試試以下的說法：

「○○先生／小姐，您說敝公司的商品

・比其他公司貴了一成左右

・擔心耐久力方面的問題

是這樣沒錯吧！

關於這些問題，請容我來替您說明：

・我們的商品比其他公司的耐用兩倍

・售後服務很周到

・付款方式是不需要訂金的分期付款

・目前使用人數已經將近三萬人

您覺得如何？我覺得現在就買下來非常划算喔！」

請你像這樣活用損益平衡式成交法，讓銷售話術順利進行吧！

損益平衡式成交法

顧客猶豫的部分	顧客的利益
1.	1.
2.	2.
3.	3.
4.	4.
5.	5.
6.	6.
7.	7.

損益平衡成交法，可以完美地消除顧客的疑慮！

③ 比契約更重要的「售後追蹤服務」

即使銷售話術順利進展到簽約的階段，銷售也不是到此為止。相反地，所謂的售後追蹤服務，換句話說，也就是在顧客購買後的追蹤服務是一個很重要的階段。

今後是否也能和顧客維持長久往來呢？還是要被顧客認為是拒絕往來戶呢？重大的分界點就在「售後追蹤服務」上。

即使和對方只做一次性的交易（與是否進行第二次交易沒有關連），但是顧客間還是具有能「介紹別人」給你的「口耳相傳」的力量，所以千萬不可小覷。

不要認為售後追蹤服務是只為了鞏固原有顧客而做。

我認為所謂「介紹有可能購買的顧客」，就是自己在其他地方做業務時，「顧客也在替我們做業務」的意思。

行銷有這樣一句名言：「對商品滿足的顧客是最強大的廣告媒體。」

因為不需要付廣告費，所以讓我們好好地運用吧！

接下來，我將舉出六種具代表性的售後追蹤服務。請暫時忘記能否因此找到新顧客，好好去實踐吧！

進行售後追蹤服務

今後是否也能和顧客維持長久往來呢？

還是

要被顧客認為是拒絕往來戶呢？

重大的分界點

優點

- 介紹有可能購買的顧客
- 對商品滿足的顧客是最強大的廣告媒體

在銷售行為中，顧客購買之後的售後追蹤服務是一個很重要的階段

4 簽約後的六種代表性「售後追蹤服務」

在顧客購入商品之後，一定要進行售後追蹤服務才行。代表性的「售後追蹤服務」有六種。

1. 一定要立刻打電話道謝

當然，用電子郵件也是可以的，重點是不要在顧客購買很久之後才向對方道謝。還有，直接用「聲音」對話，可以讓人留下印象，即使已經寄了電子郵件，也同時讓對方聽聽你的聲音吧！這樣就能增強人家對你的印象，對方的情感也會從聲音裡表現出來，我們便可以了解他是否真的對商品感到滿足。

而且，請你記得多用一兩句話，稱讚他買了非常不錯的東西。這麼一來，就算是購買後仍有疑慮的顧客，也會覺得「商品很好」，而對這次的購物感到滿足。

2. 確認商品是否照訂單送達、安裝

即使你認為不過是一件小事，但光是商品沒照訂單送達這一點，就很可能會發生客訴。防止客訴最好的方法，就是預防它的發生。這就和中醫說的「在生病之前加以預防」的道理是一樣的。

像是配送是否準時、安裝的場所如何，都請你要仔細傾聽顧客的意見。

萬一發生錯誤的話，不論是多小的問題，你都要立刻表示：「對不起！真的非常抱歉！我們會記住將來絕對不犯同樣的錯誤」，要這樣誠心誠意地道歉。如此一來，你身為業務員的分數就會提高了。

3. 商品配送一段時間後，要確認顧客的使用狀況及滿意度。

這裡是指實際使用了一段時間後，才可以得到顧客真正的感想的意思。

我在辦完研習會之後，為了了解上課內容有多少被學員實際運用在工作上，我也會做事後的問卷調查，或是再辦一次追蹤研習會。然後我就能清楚地了解「大家都很明白了」或是「這部分必須重做一次才行」等情況。

商品也是一樣，實際使用商品之後的真實評價，不僅對今後的銷售有幫助，對顧客也有所助益。

這個部分不論是以電話進行，抑或親自登門拜訪都可以。

4. 平常也要試著登門拜訪

一流的業務員，不會在有事的時候才去拜訪顧客。

當然，調查商品的使用狀況是很重要沒錯，但是就讓我們來活用「人見越多次面，就會越喜歡對方」的法則吧！偶爾要關心對方的近況。這在英文就稱之為「Happy Call（譯註：此為日式英語，意思就等於是英文的「thank you letter（感謝函」）」。

請試想，如果你是顧客，相較於一年只出現一次的業務員，你一定會對每個月來拜訪好幾次的業務員抱持好感吧！顧客是會向感覺親密的人買東西的。

5. 如果可以的話，請對方介紹可能會購買商品的新顧客給你。

開發新客戶不只是單靠自己的力量而已，也要考慮盡量活用顧客的力量。假設能有五位顧客介紹其他人給你的話，你就能毫不費力地獲得五個「可能會購買的顧客」了。此外，透過他人介紹也會比陌生拜訪更具有可信度，所以應該大大利用才是。

6. 找出販售自己公司的其他製品、其他服務的可能性。

售後追蹤服務的另一個優點就是，我們可能進一步賣掉自己公司的其他製品或服務。

如果顧客真的感到滿足，應該就不會否定你的商品品質或服務。不過，要記得別做得太過頭。先決條件是確定有販售的可能性。

六種售後追蹤

1. 一定要立刻打電話道謝。
2. 確認商品是否照訂單送達、設置。
3. 商品配送一段時間後，要確認顧客的使用狀況及滿意度。
4. 平時沒有要事也要登門拜訪。
5. 如果可能的話，請對方介紹可能會購買商品的新顧客給你。
6. 找出販售自己公司的其他製品、其他服務的可能性。

顧客購買商品後，一定要進行售後追蹤服務！

5 即使被說了「NO」，也要做事後追蹤！

如果你和顧客之間並沒有簽約成功。

你會因此直接離去嗎？

其實可以這麼說，所謂的銷售，是在聽到「NO」之後才開始的。所以就算人家回了一句「NO」，我們也必須試著進行確認未來可能性的銷售話術。

未來顧客也有可能改變方針或改變想法，畢竟顧客是善變的。此外，他們也可能會介紹其他顧客給你。

所以，就算契約沒簽成，我們也不要忘記向顧客道謝。

萬一沒能簽約時，有一種快速的事後追蹤方法。

那就是「感謝函＋資訊」。

現在是電子郵件的全盛時期，所以手寫的感謝函很有價值。這個部分與你字的美醜沒有關係。

「這個業務員有把我們放在心上」，把這種訊息傳達給顧客是非常重要的。我們要感謝顧客：

・願意把時間撥給我們

感謝函的重點

- 願意把時間撥給我們
- 願意聽我們說話
- 對我們的話題感興趣

↓

對這些事情都要表達感謝

＋

如果是手寫的感謝函，
會更具有價值！

・願意聽我們說話
・對我們的話題感興趣

這樣可以顯示出你的誠懇。

與這些同樣能讓顧客感到高興的就是資訊。當對方很想認識ＩＴ專家時，如果我們有認識的人，不也可以介紹給他嗎？所謂介紹別人或者介紹自己認識的人，也都是很好的資訊。

或者，假設對方的公司常常加班，正在為開銷過大而困擾。在這個時候，如果正好有找到與「削減加班費的新方法」相關的雜誌報導的話，不妨立刻把它剪貼下來送給顧客。

也有業務員會製作顧客專用的剪貼簿，並在拜訪時隨身攜帶。即使內容顧客全都已經知道，或者是內容有些許錯誤，也都一定會讓他留下：「你為了我居然這麼努力啊！」的深刻印象。當顧客覺得自己受到重視時，就會對你產生好感。

如上所述，把報紙、雜誌的報導當成資訊剪下來送給顧客的行為，就可以稱之為「剪報服務」。不僅是工作內容而已，舉凡顧客的興趣、家人、關注的事等等，都要為了對方而蒐集資訊。因此，預先做好剪報表格也是很重要的。

剪報服務

工作
興趣
家人
關注的事
將對顧客有用的資訊從
報紙・雜誌
上剪下來，送給顧客

當顧客覺得自己受到重視時，
就會對你產生好感。

業務員應該提出的六十九個問題

這裡所舉出的所有問題，是我希望各位一定要蒐集到的資訊。雖然裡面有很難直接開口詢問的問題，但交談時也有可能出現能夠詢問對方的機會，所以一定要把它們記在自己的腦海裡。

關於個人的詢問

❶姓名　職務名　最初見面的日子

❷公司名與住址

❸自家地址

❹公司的電話號碼　FAX　自家的電話號碼

❺出生年月日

❻身高　公分　體重　公斤　醒目的特徵

❼就讀的高中　畢業年度　就讀的大學　畢業年度

❽最高學位（碩士學位、博士學位）

❾熱愛學校的程度

⑩大學的課外活動都做些什麼？

⑪如果顧客沒念過大學，他是否會非常介意這一點？

⑫性格如何？

關於家庭方面的詢問

⑬結婚了嗎？　配偶的名字是？

⑭配偶是否在工作？

⑮配偶所關注的事、活動、所屬團體？

⑯結婚紀念日是何時？

⑰蜜月旅行去了哪裡？

⑱有小孩的話，名字與年齡是？

⑲小孩所關心的事（興趣、問題等等）

關於職業背景上的詢問

⑳職業經歷（從最新的到最初的）　公司名　所在地　在職期間　職務名

㉑前一份工作是？　職務名稱　目前的情況

㉒除了自己以外，與我們公司的哪位同仁、在什麼工作上有所聯繫嗎？

㉓那是良好的關係嗎？　為什麼？

㉔除了工作之外，在我們公司裡有誰和這位顧客是認識的嗎？

㉕是怎樣的交情呢？

㉖有隸屬的業界團體嗎？　在那裡的職務是？

㉗工作上的特徵、資格等等

㉘師事何人？

㉙顧客對他自己的公司採取什麼樣的態度？

㉚顧客在職業上的長期目標為何？

㉛對顧客而言，目前在工作上的目標為何？

㉜現在，顧客最關注的事情是什麼？是公司生意好？還是自身的幸福？

㉝顧客重視的是現在？或者考慮的是未來？為什麼？

關於特別關注的事情的詢問

㉞是否加入任何俱樂部、專業性團體、宗教團體？

㉟喜歡政治嗎？　黨派是？

㊱是否有參與地方團體的活動？　內容是？

㊲宗教是？

㊳不應該對顧客說的絕對機密事項

㊴顧客關注的是什麼樣的問題（工作以外的）？

關於生活形態的詢問

㊵病史（最近的健康狀態）

㊶喝酒嗎？　如果喝的話，喝什麼？喝多少？

㊷如果不喝的話，別人喝酒會讓他覺得不舒服嗎？

㊸抽煙嗎？

㊹午餐常去的店是？　晚餐常去的店是？

㊺喜歡的食物是？

㊻喜歡被請吃飯嗎？

㊼興趣和消遣是什麼？

㊽閱讀的傾向（類別）是？

㊾喜歡的運動是？　運動（觀戰）的種類與喜歡的隊伍是？

㊿現在開的車子種類是？

51感興趣的話題是？

52對本公司的商品、服務的評價？

53顧客的優點、應該稱讚的部分是？

54用一句話來形容的話，顧客是怎樣的類型？

55顧客自傲的地方是什麼？

56顧客的長期個人目標是？　短期的目標是？

其他的詢問

57顧客的公司作風是？

58 顧客與公司的關係如何？

59 與顧客見面時應該注意的點是？

60 顧客的上司、下屬是怎樣的人？

關於製品·服務的詢問

61 現在買了什麼樣的產品、服務呢？

62 過去購入過什麼樣的產品、服務嗎？

63 購買決策權掌握在誰手上？

64 抱有什麼疑問嗎？

65 將來的方向、希望是什麼？

66 競爭對手在哪裡？

67 從顧客的觀點來看，重要的問題是什麼？

68 顧客的預算編列期是？

69 購買本公司的產品、服務的經驗如何？

國家圖書館出版品預行編目資料

聊天就能把東西賣掉！ 修訂版 / 箱田忠昭作 ；
張凌虛譯. -- 初版. --：世茂, 2019.03 .
-- （銷售顧問金典 ; 103）
譯自：これだけは知っておきたい「セールストーク」の基本と実践テクニック
ISBN 978-957-8799-67-7(平裝)

1. 銷售　2. 行銷心理學　3.說話藝術

496.5　　108000293

銷售顧問金典 103

聊天就能把東西賣掉！【修訂版】

作　　者／箱田忠昭
譯　　者／張凌虛
主　　編／陳文君
責任編輯／曾沛琳
封面設計／林芷伊
出 版 者／世茂出版有限公司
地　　址／（231）新北市新店區民生路 19 號 5 樓
電　　話／（02）2218-3277
傳　　真／（02）2218-3239（訂書專線）、（02）2218-7539
劃撥帳號／ 19911841
戶　　名／世茂出版有限公司　單次郵購總金額未滿 500 元（含），請加 60 元掛號費
世茂官網／ www.coolbooks.com.tw
排版製版／辰皓國際出版製作有限公司
印　　刷／祥新印製企業有限公司
初版一刷／ 2019 年 3 月
　　六刷／ 2021 年 3 月

I S B N ／ 978-957-8799-67-7
定　　價／ 280 元